Karl-W. Koch

DAMPF IN SÜDAFRIKA

Dampflok-Finale am Kap der Guten Hoffnung

transpress

Einbandgestaltung: Luis dos Santos, Layout-Vorlage: Karl-W. Koch

Titelbild: Der Bahnhof Modderpoort an der Strecke Bethlehem – Bloemfontein war vor allem wegen seiner markanten Felsformation bekannt. Hier begann die Nebenstrecke zur Garnisonsstadt Ladybrand, die mit einem oder mehreren GmPs am Tag bedient wurde. (Aufnahme im Juli 1981, es führt wie häufig auf den Nebenbahnen dieser Zeit, eine 19D.)
Rücktitel: Der legendärste Fotohalt der ersten Steamsafari 1980 war die Scheinanfahrt exakt Sonnenaufgang (*die Fotografen wurden noch bei Nacht aus dem Bett gescheucht*) auf dem Lootsbergpass. Es führt die Garratt 4070 der Baureihe GMAM. Die Bildreihe ab Zurücksetzen des Zuges bis zur vollendeten Scheinfahrt ist die beste in der Laufbahn des Autoren.
(Beide Fotos: Karl-W. Koch)

Bildnachweis: Die zur Illustration dieses Buches verwendeten Aufnahmen und Skizzen stammen – wenn nichts anderes vermerkt ist – vom Verfasser.

Ein Hinweis zu den Kartenskizzen in den Artikel wie »Industriebahnen« oder »Barkly East«: Sie stammen aus der Zeit des Berichtes, sind also schon älter und beschreiben den HISTORISCHEN Stand.

ISBN 978-3-613-71720-6

1. Auflage 2024

Sie finden uns im Internet unter www.transpress.de

Lektor: Hartmut Lange
Innengestaltung: Karl-W. Koch, 54552 Mehren
Druck und Bindung: DZS GRAFIK d.o.o, 1210 Ljubljana, Slovenia
Printed in Slovenia

VORWORT

Ich habe in meinem bisher 72-jährigen Leben viele Länder bereist und gesehen. In seinem Gesamteindruck war, ist und bleibt Südafrika das Land, das mich am meisten fasziniert hat. Mehr als zehnmal zog es mich dorthin. Hätten das Geld gereicht und später die Ferientermine manchmal besser gepasst, wären es vermutlich noch einige Besuche mehr geworden.

Begeisternd waren Land und Leute, eine der sehenswertesten Landschaften weltweit, in unserem Sommer – dem dortigen Winter – meine »Traum«-Wetterlage: (um den lokalen, fast täglichen Wetterbericht zu zitieren: »*fine and mild, but colder in the early morning!*«) – und natürlich der bis in die 1990er-Jahre andauernde Dampflokbetrieb.

Die politische Lage, um es deutlich zu benennen, die brutale Unterdrückung der großen Mehrheit der Bevölkerung, waren in den meisten Jahren (Ausnahme 1987 und folgende) für weiße Besucher eher die unterschwellige, zwar vorhandene, aber für uns selbst kaum spürbare Begleitung. Inwieweit ich mit heutiger Erfahrung und politischer Einstellung diese Reisen unterlassen hätte, kann ich ehrlicherweise nicht beantworten. Die Erlebnisse haben jedoch sicher auch meine politische Einstellung mitgeprägt.

Die Danksagung möchte ich auf die wenigen Menschen, die für das Buch in der jetzigen Form ursächlich waren, auf:

- meinen Schulfreund Werner (s. rechts), der auf den ersten Reisen Begleiter war und sich unter Absingen hässlicher Lieder scannend durch meine Negativstapel gekämpft hat
- meinen Freund Tony in Johannesburg, Türöffner zu vielen Quellen, Unterstützer seit der zweiten Reise und mehrfacher Begleiter sowie seine wundervolle Familie, die jedes Mal mit großer Vorfreude auf der Besuchsliste stand und alle weiteren Kontakte, vor allem der unvergessene »Dusty« Durrant (»*fine Hotel, nice beer!*«) in Südafrika
- meinen Freund Ted Talbot, 1981 in Sterkstroom kennen und schätzen gelernt
- meinen Ex-Verleger Gustav Röhr, der 1982 mit der Herausgabe von »*Quer durch Südafrika mit der Eisenbahn*« (Vorlage dieses Werkes) und später mit der Zeitschrift »*Dampf&Reise*« die Tür in diesen (heutigen) Beruf öffnete
- die Herren Thomas Franke und Ekkehard Hauck, die mit aktuellem Material unterstützten
- Herrn Bernhard Hoch für die Kartenskizzen zu den Industriebahnen
- und *last but not least* wie immer für die Gesamtkarte sowie die George – Knysna-Karte Wolfgang Kieslich.

beschränken,

Karl-W. Koch, im August 2024

▲ Der Autor vor 45 Jahren: etwas mehr Hüftgold, deutlich mehr Haare als heute, aber sonst weitgehend unverändert. Der charmante Herr daneben ist jener Verantwortliche, der mich überhaupt erst zu diesem Hobby gebracht hat. Heute ist er sich keiner Schuld bewusst … aber immer noch ein guter Freund.

Inhalt

Vorerklärung zu Apartheid

Die geschichtliche Periode der Rassentrennung in Südafrika wird als Apartheid (wörtlich übersetzt aus dem Afrikaans »Getrenntheit«) bezeichnet. Sie war durch die selbsterklärte, gewaltsam durchgesetzte Vorherrschaft der beiden weißen, aus Europa stammenden Bevölkerungsgruppen (britischer und niederländischer – burischer – Einwanderer) über die anderen gekennzeichnet. Zumindest in dem beschriebenen Zeitraum ab Ende der 1970er-Jahre herrschte innerhalb der weißen Bevölkerung übrigens eine gut funktionierende Demokratie, die allerdings alle anderen ausschloss und deren Rechte beschnitt. Aber aus genau dieser Demokratie heraus ergab sich ab Ende der 1980er-Jahre der Wandel. Eine neue Partei setzte sich für das Ende der Rassentrennungen ein und gewann bei den Wahlen laufend mehr Stimmen, bis es innerhalb der jahrzehntelang stärksten Partei (National Party, NP) einen Putsch gab und diese selbst die Initiative zum Übergang ergriff.

Begonnen hatte es am Anfang des 20. Jahrhunderts als zunächst reine Trennung der unterschiedlichen Rassen. In der Hochphase von den 1940er- bis zu den 1980er-Jahren wurden der nicht-weißen Bevölkerung mehr und mehr Rechte abgesprochen bzw. verweigert. Sie endete nach der weitgehend friedlichen Machtübergabe 1990 in einem demokratischen System aller Bevölkerungsteile 1994.

Die Menschen des Landes wurden in der Apartheid in vier verschiedene Gruppen oder »Rassen« nach ihrer Hautfarbe eingeteilt: Weiße, Farbige, Asiaten und Schwarze (Englisch: White, Coloured, Asiatic/Indian und Native/bzw. Bantu bzw. African (nicht mit den burenstämmigen Weißen – Africaaner zu verwechseln)). Oft wurde vereinfacht auch nur zwischen »White« und »Non-White« unterschieden. Die Angehörigen der weißen Rasse hatten das politische Sagen, alle anderen durften nicht wählen und hatten nur stark eingeschränkte Rechte. Den Weißen gehörten auch die großen Wirtschaftsbetriebe, die Banken und fast alle guten landwirtschaftlich nutzbaren Flächen.

Zur Klärung bei Streitfällen der »Rassen«-Zugehörigkeit kamen dabei verschiedene, teils obskure Tests zum Einsatz, zum Beispiel, ob ein in die Haare gesteckter Stift herunterfällt, wenn der Proband den Kopf schüttelt. Fiel der Stift heraus, so galt der Proband als Farbiger, blieb der Stift stecken, galt er als Schwarzer. Dies hatte die schon wieder tragikomische Folge, dass Kurzhaarfrisuren populär wurden.

An öffentlichen Orten war eine strikte Trennung von Weißen und Nicht-Weißen, also auch gerade im gesamten Verkehrswesen (Bahnhöfe, Züge, Busse) vorgeschrieben. Im Flugverkehr außerhalb der eigenen staatlichen Airline ließ sich die Trennung allerdings nicht durchsetzen. Mischehen und sexuelle Beziehungen untereinander waren verboten. Mit dem Group Areas Act vom 13. Juni 1950 wurde die Trennung der Wohngebiete festgeschrieben.

Die Rolle der »Farbigen« war dabei erwähnenswert, stammten sie doch aus den verbotenen Beziehungen von Weiß und Schwarz, standen aber phasenweise in der gesellschaftlichen (nicht-) Wertschätzung noch unter den Schwarzen. Mit dem im Deutschen mittlerweile sehr sensiblen Sprachgebrauch wäre die Unterscheidung von White und Nonwhite am ehesten mit »Weiße« und (dem eigentlich umfassenden Begriff) »Farbige« zu übersetzen, wobei dieser in der aktuellen Interpretation negativ besetzt ist. Daher verwendet der Autor im Text die sprachlich korrektere, aber eben nicht trenngenau zutreffende Bezeichnung »Schwarze« für die im Sinne der damals geltenden Apartheidsgesetze nicht-weißen Südafrikaner.

▲ Beschriftung eines Bahnhofzugangs in Südafrika zur Zeit der Apartheid. (*Foto: Ernest Cole, Datum vor 1972, Wikipedia. bearbeitet, commonfree*)

GESCHICHTE

▲ Die 16DA-875-868 verlässt mit einem Personenzug den Bahnhof Henneman, 3.12.1967. *Foto: A. E. Durrant, Sml. Koch)*

Entwicklung des Streckennetzes

Bedingt durch Geschichte und Geografie wurden die ersten südafrikanischen Bahnlinien von der Küste in Richtung Landesinnere gebaut. Das Eisenbahnzeitalter im südlichen Afrika begann, als der englische Ingenieur Edwald Pickering den Auftrag für eine Bahnlinie von Kapstadt ins 72 Kilometer entfernten Wellington erhielt. Für diese Strecke wurden sechs B'1-Lokomotiven bei der Firma Hawthorn & Co in Schottland geordert. Eine dieser Maschinen traf bereits 1859 ein. Eine andere der sechs erwähnten Maschinen hat übrigens bis zum heutigen Tag, wenn auch nur als Denkmal, in der Halle des neuen Kapstädter Hauptbahnhofes überlebt.

Aber es ging sehr zäh voran: Lediglich 2,4 km Schienenstrang wurden bis zum Oktober 1861 verlegt. Dann kam es zu Sabotageakten und Gewalttätigkeiten beim Streit über den Sinngehalt dieser Maßnahme. So wurde die gut 1700 km weiter östlich gebaute und 3,2 Kilometer lange Bahnlinie in Durban im Frühsommer des Jahres 1860 die erste fertig gestellte Bahnstrecke im südlichen Afrika: Die am 26. Juni 1860 eröffnete normalspurige Strecke Durban–Point der Natal Railway war rund drei Kilometer lang. Die dort eingesetzte Lokomotive »The Natal« hatte jedoch kein langes Leben vor sich, bereits 1875 wurde sie an ein Sägewerk in Port St. Johann verkauft. Dort wurde sie von furchtsamen Xhosa-Eingeborenen in einer Nacht-und-Nebel-Aktion in der Erde vergraben. Erst 50 Jahre später, technologisch nicht mehr ganz auf dem aktuellen Stand, wurde sie wieder ausgegraben.

Im September 1861 verkehrten auf der mittlerweile 19 Kilometer langen Strecke von Kapstadt nach Stellenbosch bereits täglich vier Zugpaare. Im Dezember 1862 wurde die Linie von Stellenbosch nach Klapmuts (späterer Name: Benettsville) eröffnet, am 18. März 1863 folgte die Strecke nach Paarl. Am 4. November 1863 war Wellington erreicht. Das nächste Ziel war Worcester, heute noch ein bedeutender Knotenpunkt am Fuß des Hexriverpasses. Allerdings machte das Gelände den Weiterbau recht schwierig. Die Alternativen waren, eine Schlucht zu durchqueren oder die Strecke in Wellington enden zu lassen, um von Stellenbosch aus in einem weiten Bogen Worcester zu erreichen.

Der zweite Vorschlag wurde schließlich umgesetzt. 1877 nahm man mit den Hexriverbergen das letzte gewaltige Hindernis vor dem Hochland in Angriff. 2000 Immigranten aus Europa arbeiteten zu diesem Zeitpunkt an der Bahnstrecke. Zusammen mit dem Abschnitt nach Wellington war die Strecke 72 km lang. 1864 folgte die Strecke Kapstadt – Wynberg der Wynberg Railway Company.

Auch in Natal ging es weiter: Im Jahr 1880 wurde der erste Abschnitt der Natal Main Line von Durban nach Pietermaritzburg eröffnet. Die Strecke war in Kapspur angelegt, die regelspurige Natal Railway in Durban wurde bereits 1877 von den Natal Government Railways übernommen und auf Kapspur (1067 mm) umgespurt.

Eine weitere Strecke in der nordwestlichen Kapprovinz, zum Abtransport von Kupfer gebaut, wurde in 762 mm Spurweite ausgeführt. Sie führte von Port Nolloth über 77 km und einen Höhenunterschied von 487 m nach Muishondfontein, die Fertigstellung war am 23. Dezember 1870.

▲ Eine GM-Garratt mit einem Güterzug nahe bei Koster im Jahr 1971. (*Foto: Tony Elliott, Sml. Koch*)

Im Januar traf hier die erste Lokomotive ein und machten auf einen Schlag 500 Mulis arbeitslos, die bis dato als Antriebskraft fungierten.

Als Kompromiss für eine einheitliche Spurweite einigte man sich, die weiteren Strecken in 1067 mm auszuführen, da aufgrund der Geländebeschaffenheit die Regelspur von 1435 mm nicht haltbar war und die 762 mm einen Betrieb in den geplanten Größenordnungen nicht ermöglicht hätte. 1874 wurden die existierenden Strecken rund um Kapstadt unter der Bezeichnung »Cape Goverment Railways« (CGR) zusammengefasst und umgenagelt. Vier Jahre später folgte Natal mit der »Natal Railway Company« (NRC) diesem Schritt und übernahm dabei auch die »neue« Spurweite.

▼ So stellte sich der Autor den südafrikanischen Dampfbetrieb *»at its best«* vor: Zwei GMAM-Garratts vor der herrlichen Gebirgskulisse der Drakensberge ... und ein Freund in der damaligen DDR setzte die Ideen um.

Diamants, the rails best friends

Als im Gebiet um Kimberley im Jahr 1869 riesige Diamantvorkommen entdeckt wurden, begannen weitere Aktivitäten im Bahnbau. Erst der durch die Förderung enorm gestiegene Bedarf an effizienten Transportmitteln und der Plan, ein von Bergen umsäumtes Zentralplateau mit dem Meer zu verbinden, brachte die Schienenwege voran.

Eine Sonderkommission des Parlaments beschloss im Jahr 1873 den Bau weiterer Eisenbahnverbindungen. Elf Jahre später waren dann auch die Minen von Kimberley mit dem Hafen am Kap verbunden. Gleichzeitig wurden Strecken von Port Elizabeth und East London aus ins Landesinnere begonnen.

Eine Karte der Kapprovinz von 1882 zeigt Linien von Kapstadt nach Beaufort West, von East London nach Graaf Reinet, Cradock und Grahamstown und von Port Elizabeth nach Queenstown und Kingwilliams Town.

Die Buren übernehmen die Führung

Goldfunde im Transvaal schließlich führten dazu, auch den Eisenbahnbau durch den Oranjefreistaat in Richtung Transvaal vorantrieben. Beteiligt waren hier CGR, aber auch die für Natal zuständige Natal Government Railways (NGR). Auf Verlangen des burischen Präsidenten Krüger wurden jedoch die Linien, welche durch seine Republik führten, einer eigenen von den Engländern unabhängigen Verwaltung unterstellt: die »Nederlandsche Zuid Afrikaansche Spoorwegenmaatschappij« (NZASM).

▲ Alan Clarke verewigte diese »Fast-Idealbild« mit zwei GMAM nahe dem Städtchen New Hannover, Natal. (*Sml. Koch*)

Die erste Bahnstrecke in der damaligen Transvaal-Republik führte von Johannesburg nach Boksburg zu den dortigen Kohlebergwerken. Sie wurde 1890 durch die NZASM eröffnet und wurde abschätzig als Rand Tram (»Straßenbahn des Witwatersrand-Gebiets«) bezeichnet. Nicht ganz ohne Grund: die Eisenbahnstrecke hatte anfänglich einen sehr leichten Oberbau. Noch im selben Jahr wurde die Strecke in beide Richtungen nach Krugersdorp und Springs verlängert.

1894 eröffnete die NZASM die Bahnstrecke Pretoria–Lourenço Marques, die Pretoria mit dem heutigen Maputo verbindet. Diese Streckenführung war um 1880 bereits konkret erwogen worden, da sie wegen relativ kurzer Distanz zum Indischen Ozean und der günstigen Zollpolitik Portugals geringere Transportkosten verhieß. Eine Anleihe in Höhe von einer halben Million Pfund am Kapitalmarkt Amsterdam scheiterte in den 1880er-Jahren. Die Projekte stießen auf große Schwierigkeiten. Im Tiefland forderten

▲Auch das gab es ganz vereinzelt, alle paar Jahre: massive Schneefälle im Hochland. Die Temperaturen, vor allem nachts wären kein Hindernis, aber das Winterhalbjahr im Hochland ist extrem trocken. Hier ein Zug mit einer GO-Garratt im Mai 1972 auf der Strecke Belfast – Lyndhurst. (*Foto: Tony Elliott, Sml. Koch*)

Schlafkrankheit und Malaria ihre Opfer. Im Goldgräbergebiet des Witwatersrand wehrten sich die Besitzer und Fahrer von Ochsenkarren aus eigenwirtschaftlichen Gründen gegen die geplanten Bauvorhaben. Trotz all dieser Probleme und aufgrund der Unabhängigkeitsbestrebungen Krügers war bis zur Jahrhundertwende ein vollständiges Eisenbahnnetz errichtet.

Ein weiteres schweres Hindernis bei den Streckenplanungen bildeten die steilen Berghänge und die tiefen Taleinschnitte auf der Seite Transvaals unweit von Komatipoort im Bereich des Crocodile River. Diese Geländeeigenschaften hatten einst auch den Bau einer leistungsfähigen Straße verzögert. Nachdem die Bahnstrecke durchgängig befahrbar war, bildete sie über viele Jahrzehnte hinweg eine der wichtigsten Transportrouten für Güter aus dem nördlichen Raum Südafrikas ans Meer. Kohle, Stahl und Zucker gelangten so in die Häfen von Lourenço Marques und zu Kraftwerken und anderen Verbrauchern an der Küste Südafrikas. Später begann Südafrika mit dem Bau einer neuen Eisenbahnstrecke über Eswatini zum Güterhafen Richards Bay im östlichen Natal, um die eigene wirtschaftliche Unabhängigkeit zu stärken. So konnten Güter aus den östlichen Transvaalgebieten auf eigenem Territorium zu einem eigenen nahen Seehafen geliefert werden.

1892 wurden die Industriegebiete Transvaals über Bloemfontein an die Häfen Kapstadt, Port Elizabeth und East London angeschlossen. 1898 nahm eine Strecke von Kimberley über das damalige Mafeking zu den damaligen Kolonien Betschuanaland, Südrhodesien und Nordrhodesien (heute: Botswana, Simbabwe und Sambia) den Betrieb auf. Im selben Jahr wurde die Provinz Natal durch eine Strecke nach Transvaal an das südafrikanische Netz angeschlossen. Damit war ein landesweites Netz entstanden. Die Pläne dazu gingen auf Cecil Rhodes zurück,

Cecil John Rhodes (1853-1902), britischer Unternehmer und Politiker, war in der Hochphase der Kolonisierungen einer der führenden Akteure des Wettlaufs um Afrika. Die von ihm erworbenen Kolonien wurden nach ihm benannt (Nordund Südrhodesien, heute Sambia und Simbabwe).

der eine Schienenverbindung »von Kapstadt bis Kairo« angestrebt hatte.

Nach dem Zweiten Burenkrieg wurde die NZASM zur Central South African Railways (CSAR). Nachdem sich 1910 die vier Provinzen Kapprovinz, Oranje-Freistaat, Transvaal und Natal zur Südafrikanischen Union zusammengeschlossen hatten, wurden 1916 die CSAR, die Cape Government Railways und die Natal Government Railways zur South African Railways & Harbours (SAR&H) verschmolzen.

Der Burenkrieg

Zwischen 1899 und 1927 war, vor allem im Natal und in der Kapprovinz, aus Kostengründen eine Reihe vom 610 mm-Strecken gebaut worden. Den Anfang machten die 285 km in der Langkloof (lange Schlucht) zwischen Port Elizabeth und Avontuur. Der beginnende Burenkrieg verzögerte den tatsächlichen Baubeginn bis zum Mai 1902. Größtes Hindernis war die Van-Staden-Schlucht, die mit einer für eine 610 mm-Bahn wohl einmaligen gewaltigen Stahlbrücke überquert wurde.

Die Auseinandersetzungen zwischen Engländern und holländisch stämmigen Siedlern im – von beiden Seiten – äußerst blutig geführten Burenkrieg (1899 bis 1902) eskalierten. Die Bahn war ein bevorzugtes Angriffsziel, vor allem Brückensprengungen waren eine »beliebte« Methode der Auseinandersetzung. Die Verteidigungsstellungen z.B. an der Modderriverbridge zeugen heute noch davon, obwohl auch sie nichts halfen.

◄ Die REGM hatte 1975 noch einen ausgedehnten Personenzugverkehr. Hier die 12R 1951 an der Haltestelle »Cooke«. (*Foto: A.E. Durrant, Sml. Koch*)

Die SAR/SAS

1902 kam es, nach dem Sieg der Engländer, zum Zusammenschluss der Bahnsysteme unter der Bezeichnung CSAR (Central South African Railways). Nach der Gründung der südafrikanischen Union 1910 wurde daraus die SAR/SAS (South Africa Railways/Suid Afrikaanse Spoorwee). Die doppelte Bahnbezeichnung SAR/SAS gab die beiden offiziellen Landessprachen Englisch und Afrikaans, eine Abwandlung der niederländischen Sprache, wieder. Die SAR übernahm, als letzten großen, privat gebliebenen »Batzen« die »New Cape Central Railway« (NCCR) zwischen Kapstadt und Mossel Bay.

▲ Die Lok 8-1132 mit einem Sonderzug der RSSA auf der Strecke nach Elgins über den Sir Lowrys Pass. (*Foto: Sml. Koch*)

Die beiden Weltkriege überstand die neue Eisenbahngesellschaft weitgehend unbeschadet. Allenfalls traten hier und da Materialengpässe auf, waren die engsten Verbündeten doch stets in vollem Umfang in die europäischen Kriegswirren verwickelt. Die überseeischen Lokomotivwerke konnten damals als Folge des Zweiten Weltkrieges gerade eben die eigenen Märkte versorgen. So begann die SAR, die zwar über hervorragende Werkstätten verfügten, aber trotzdem immer auf ausländische Lokomotivkonstruktionen zurückgegriffen hatten, im Jahr 1947 eigene Maschinen zu bauen.

2700 Dampfloks im Einsatz

Die Blütezeit der Dampflokzeit erreichte Südafrika gegen Ende der 1950er-Jahre. Annähernd 2700 Dampflokomotiven waren im Einsatz. Aber genau zu diesem Zeitpunkt entschieden sich die Verantwortlichen für den Traktionswechsel. Moderne Diesel- und Elektroloks wurden beschafft, die der Dampftraktion mehr und mehr den Garaus machen sollten. Und das, obgleich die Republik Südafrika, wie sie seit 1961 hieß, reich mit Kohle gesegnet war.

Dass das zunächst grandios scheiterte, hatte seine Gründe in der Politik. Ursache war eine der wirkungsvollsten Boykottmaßnahmen in der jüngeren Geschichte der Völkergemeinschaft. Ursache dafür wiederum war die Apartheid ge-

▲ Die landschaftliche Reize Südafrikas sind überwältigend, wie hier der Blick vom Tafelberg auf Kapstadt.

nannte Politik des damaligen südafrikanischen Regimes. Bis 1971 erreichten die Dampfloks die stolze Zahl von 3900.

Ursprünglich als Trennung der Menschen nach Rassenzugehörigkeit angelegt – nach internationalem Recht unzulässig – wurde daraus nach dem Zweiten Weltkrieg die gezielte Unterdrückung und Entrechtung der nicht-weißen Bevölkerung. Übrigens wurde all dies von einer funktionierenden Demokratie innerhalb der weißen Minderheit entschieden und legitimiert. Eben genau diese Demokratie führte dann zum abrupten Wechsel der Politik und zum Ende der Apartheid.

TRIEBFAHRZEUGE DER SAR

Jahr	Dampf	Diesel	Elloks	Total
1971	3900	900	1700	6500
1975	3400	1700	2200	7300
1978	2950	2100	2800	7950
1979	2850	2350	3000	8200
1980	2850	2450	3150	8450

Die Eisenbahn in der Zeit der Apartheid

Auch die staatlichen Eisenbahnen gelangten nach 1948 unter den ideologischen Einfluss der Apartheidpolitik. So herrschte in den Personenwagen strikte Rassentrennung, die bereits durch Beschilderung an den Einstiegen angezeigt wurde. Ebenso waren die Zugänge auf größeren Bahnhöfen

Lesotho
Drakensberg
3482
Underberg
Donnybrook
Richmond
Umlaas Road
Pinetown
KwaMashu
Durban
Cross-moor
West
Clairwood
Mid Illovo
Umlazi
Merebank
Amanzimtoti
Matatiele
Franklin
Ixopo
Umzinto
Esperanza
2244
Harding
Kelso
Simuma
Kokstad
Port Shepstone
Serowe
Stockpoort
Caborone
Thabazimbi
Schoongezicht
Northam
Désert du Kalahari
Botsuana
Bray
Tosca
Zeerust
Mafikeng (Mmabatho)
Rustenburg
Magaliesburg
Itsoseng
Lichtenburg
Setlagodi
Boikhutso
Welverdiend
Coligny
Potchef-stroom
Ottosdal
Delarey-ville
Harts
Orkney
Klerksdorp
Vredefort
NORTH WEST
Vryburg
Black Rock
Hotazel
Kuruman
Pudimoe
Wolmaransstad
Dibeng
Reivilo
Bloemhof
Allanridge
Sishen
Chaap Plateau
Vaal
Kroonstad
Warrenton
Christiana
Bultfontein
Welkom
Virginia
Theunissen
Winburg
Marquard
Kimberley
Kamfersdam
FREE STATE
Bloemfontein
Modderport
Marseilles
Sannaspos
Ladybrand
2137
Botshabelo
Koffiefontein
Dewetsdorp
Wepener
Fauresmith
Trompsburg
Springfontein
Caledon
Rouxville
Zastron
Aliwal North
Orange
Keetmanshoop
Désert du Namib
Rietfontein
Namibia
Auob
Nossob
Molopo
Andriesvale
Vanzylsrus
Kuruman
Upington
Orange
Postmasburg
Augrabies Falls
Kakamas
Kleinbegin
Südafrika
Douglas
Alexander Bay
Orange
Pofadder
Steinkopf
Port Nolloth
Nababeep
Okiep
Kleinsee
Kenhardt
Marydale
Prieska
Hopetown
NORTHERN CAPE
Copperton
Groot Vloer
Verneuk Pan
Hondeklipbaai
Brandvlei
Britstown
De Aar
Sakrivier
Carnarvon
Colesberg
Lady Grey
Burgersdorp
Barkly East
Bitterfontein
Sout
Noupoort
Steynsburg
Molteno
2772
Südatlantik
Williston
Loxton
1805
Rosmead
Jamestown
Elliot
Papendorp
Calvinia
Sak
Victoria West
Middelburg
2210
Klawer
Three Sisters
2504
Kompasberg
Hofmeyr
Sterkstroom
Queenstown
Lamberts Bay
Olifants
2028
Lootsberg
Cradock
Quamata
Murraysburg
Tarkastad
Great Karoo
Craff-Reinet
2013
2371
Cathcart
Saint Helena Bay
Beaufort West
Aberdeen
Seymour
Swart-Kei
Velddrif
Leeu-Camka
Great Fish
Bedford
Saldanha
Piketberg
Prince Albert Road
Somerset East
Adelaide
Bisho
Stutterheim
Porteville
Laingsburg
WESTERN CAPE
Klipplaat
Fort Beaufort
King William's Town
Darling
Ceres
2326
2152
Willowmore
Alicedale
East London
Kalbaskraal
Touws River
Calitzdorp
Oudtshoorn
Groot Camtoos
Atlantis
Hermon
Worcester
Little Karoo
Ladysmith
Gourits
Avontuur
Kirkwood
Uitenhage
Grahamstown
Cape Town (Kaapstad, Kapstadt)
Paarl
Robertson
George
Patensie
Port Alfred
Franschhoek
Swellendam
Riversdale
Knysna
Alexandria
Cape of Good Hope
Simon's Town
Strand
Protem
Mossel Bay
Cape Seal
Humansdorp
Jeffrey's Bay
Algoa Bay
Port Elizabeth
Cansbaai
Bredasdorp
Cape St. Francis
Struisbaai

▲ Die mechanische Signaltechnik aus Großbritannien war zu Dampflokzeiten noch überall präsent.

und die Bahnsteige nach »Nichtweiße« und »Weiße« getrennt. Erst in den späten 1980er-Jahren wurden diese Beschränkungen schrittweise aufgehoben. Die Belange und Interessen der »nichtweißen« Bevölkerung fanden bei der Entwicklung der Transportinfrastruktur nur nachrangig – wenn überhaupt – Berücksichtigung.

Auf dem negativen Höhepunkt der Unterdrückung führte der Boykott zur drastischen Verknappung der Erdöleinfuhren. Die

Politik und mit ihr die Industrie »entdeckten« das Fischer-Tropsch-Verfahren neu und verflüssigten die reichlich vorhandene Kohle zu Erdölprodukten. (*Fischer und Tropsch, zwei deutsche Chemiker, nach denen das Verfahren benannt war, hatten damit in Hitlerdeutschland nach dem Versiegen der Ölquellen im besetzten Rumänien die Autarkie sichergestellt. Viel effizienter war das chemische Verfahren in den drei Jahrzehnten dazwischen nicht geworden*)

Bei der Eisenbahn war die Alternative vorhanden, gleich die Kohle zu verwenden. Also tat man dies, was bis in die Anfänge der 1980er-Jahre einen hochinteressanten Restbetrieb auf etlichen Strecken sicherstellte. Selbst 1988 waren noch über 600 Dampflokomotiven auf Staatsbahngleisen im Einsatz. Und etliche weitere Dampflokomotiven liefen bei den Industriebahnen. Dann war es mit dem Boykott vorbei – und mit den Dampfloks.

Dampfloks 3.0?

Dass einer anderen Eisenbahnpolitik dennoch eine Chance gegeben wurde, zeigen die Versuche mit den Baureihen 19D und 25 NC, in deren Rahmen der berühmt gewordene Prototyp einer Klasse 26 entstand (s.a. S. 148 und 153). Die später als »Red Devil« bekannt gewordene Lok zeichnete sich einerseits durch geringeren Kohle- und Wasserverbrauch, andererseits durch eine Erhöhung von Leistung und Zuverlässigkeit aus. Auch den immer bedeutsameren Forderungen nach einer sauberen Umwelt wurde durch dieses Modell in erhöhtem Maße Rechnung getragen. All jene Versuche hätten mit Sicherheit nicht viel Öffentlichkeitswirkung erzeugt, wenn nicht dadurch nachgewiesen worden wäre, dass die Dampftraktion der Dieseltraktion in puncto Wirtschaftlichkeit überlegen sein kann. Umso unverständlicher mag einem angesichts dieser Resultate das folgende Verhalten der SAR-Oberen erschei-

◀ Die schwarze Bevölkerung war auf die Bahn angewiesen, der weiße Mittelstand hatte meist Pkws.

nen, weiterhin Dieselloks bei General Motors zu bestellen und die Dampflokomotiven aus dem Unterhaltungsbestand zu entfernen bzw. Ausbesserungswerkstätten zu schließen.

▲ Die 25NC 3454 »BI Ebing« war die dritte nach den Modernisierungspläne umgebaute Dampflok, die zweite der Reihe 25 – und leider die letzte. Hier mit einem Zug nach De Aar.

Der Vollständigkeit halber sei erwähnt: Im April 1981 wurden erste Schritte zu einer verstärkten Kommerzialisierung der staatlichen Bahngesellschaft unternommen. An Stelle der SAR wurde die als Unternehmen geführte South African Transport Services (SATS) gegründet, die auch andere Verkehrsträger umfasste. Am 1. April 1990 wurde daraus schließlich die staatseigene Gesellschaft Transnet. Bis 2007 hieß die für den Schienenverkehr zuständige Transnet-Tochtergesellschaft Spoornet (deutsch etwa: »Gleisnetz«). 1997 wurde Metrorail aus Spoornet herausgelöst und eine eigenständige Tochtergesellschaft, die seither für den Betrieb von Nahverkehrszügen in den Ballungsräumen zuständig ist. 2007 wurde Spoornet in Transnet Freight Rail umbenannt. Dies sollte den Vorrang des Güterverkehrs in Südafrika zum Ausdruck bringen. Die Abwicklung des Personenverkehrs wurde 2006 ausgegliedert und zusammen mit Shosholoza Meyl in Einzelschritten bis 2009 der neu gegründeten Passenger Rail Agency of South Africa (PRASA) übertragen. Eine umfangreiche Palette technischer Dienstleistungen blieb jedoch weiterhin bei Transnet.

SÜDAFRIKA IN DEN ACHTZIGERN

Das Apartheidregime Südafrikas unterlag einem rigiden Wirtschaftsboykott. Führend waren dabei die arabischen Staaten der OPEC, die damals noch den Markt bestimmten. So musste in großem Maß Öl gespart werden: Eine der Maßnahmen war, die Dampfloks länger zu betreiben als in anderen Ländern. Dampfloks unterschiedlichster Baureihen, auf zwei Spurweiten, der Kapspur mit 1067 mm und einer Schmalspur mit 610 mm.

Die »echten« Schmalspurstrecken konzentrierten sich im Bundesstaat Natal, eine davon im Landesinneren (Escourt – Weenen) und zwei an der Küste (Port Shepstone – Harding und Umzinto – Ixopo). Das andere große Netz, genauer die andere lange Stichstrecke, lag in der Kapprovinz und führte von Port Elizabeth westwärts parallel zur Küste ins Landesinnere. Da sie vor allem zum Abtransport der geernteten Äpfel aus der Region diente, hatte sie den Beinamen »Apple-Express«. Die Strecken hielten sich bis auf Escourt – Weenen und Mid Illovo bis zum Ende des

◀ Die GMAM 4070 des Depot Voorbaai hatte den Namen »Amin«. Der Lokführer auf die Frage, woher der Name käme: *»Look at her: She ist black, fat and full of Blink-Blink. Isn't that not Idi Amin Dada himself?«*

Dampflok-Plandienstes und wurden auch weitgehend mit Dampfloks betrieben, die wenigen Dieselloks spielten fast keine Rolle bei den Einsätzen. Port Shepstone – Harding wurde sogar von Eisenbahnfreunden privatisiert und erlebte einige Jahre einen dritten Frühling.

Die Loks auf Kapspur waren in der Literatur als »echte große Loks« beschrieben, vergleichbar mit schweren deutschen Güterzug- und Schnellzugloks, zumal etliche von Henschel gebaut wurden. Unglaublich klang das, wenn man es nicht selbst gesehen hatte, eine Spurweite wie bei den Harzer Schmalspurbahnen, aber Personenzüge mit 16 »normalen« schweren Reisezug-Waggons – die sogar als Schlafwagen nutzbar waren – und Güterzüge mit 50, 60 Wagen und zwei schweren Maschinen davor.

Die ersten Reisen

Unsere ersten Reisen waren bezüglich der Bildausbeute enttäuschend. 1979 trauten wir uns in dieses ferne, vermeintlich feindliche Land nur mittels organisierter Reisegruppe. Erstmalig war eine Südafrikareise ausdrücklich für Eisenbahn- bzw. Dampflokfreunde angeboten worden. Die Reiseleitung war das blanke Chaos, der Veranstalter hatte offenbar Erkundigungen eingezogen, wo Dampfloks stationiert waren und wo sie noch fahren, und um diese spärlichen Infos herum die Reise geplant.

Auch die Jahreszeit (Februar) war suboptimal: heiß und fast jeden Nachmittag Gewitter. Es wurde lange, ausgiebig und spät gefrühstückt, um die Mittagszeit (Sonne hoch im

▲ Modderpoort an der Strecke Bethlehem – Bloemfontein war wegen der Szenerie mit schroffen Felsen und dem Betrieb auf der Nebenstrecke nach Ladybrand ein Hotspot. Hier verlässt 1984 ein Güterzug, der von Ladybrand gekommen war, den Bahnhof nach Norden.

▲ Der legendärste Fotohalt der ersten Steamsafari: Scheinanfahrt mit Sonnenaufgang auf dem Lootsbergpass. Es führt eine Garratt der Baureihe GMAM.

Norden) standen wir dann an der Strecke oder im Depot, und wenn wir Pech hatten, lagen die Schienen dann noch in Nord-Süd-Richtung und der Zug kam aus Richtung Norden. Aber wir sahen die Möglichkeiten und Landschaften, fuhren Garratt-bespannt über den Montagu-Pass im Planzug, standen in Depots mit über 100 Dampfloks im Einsatz bei unmöglichen Licht und an den falschen Stellen rum und staunten. Und wollten wiederkommen!

Das taten wir bereits im folgenden Jahr. 1980 wurde erstmalig eine »Steamsafari«, eine damals völlig neue Reiseart, angeboten. Die Bahnfreunde reisten, aßen und schliefen im Zug bei der Rundreise durch fast das ganze Land. Der Preis der auch in Deutschland angebotenen Reise war für Studenten jenseits von Gut und Böse. Aber wir hatten klugerweise bei der ersten Reise Kontakte zu südafrikanischen Eisenbahnfreunden geknüpft. Ein Vorstandsmitglied der »Railway Society of S.A.« (RSSA), Deutsch sprechend, da seine Schwester in die Schweiz geheiratet hatte, meldete sich. Es ergab sich eine Freundschaft, die bis heute hält. Und wir bekamen Infos aus erster Hand, u.a. auch die Mitteilung, dass sich die Steamsafari auch in Südafrika bei der zuständigen SAR-Abteilung direkt buchen ließe – zu einem Bruchteil des in Deutschland aufgerufenen Preises.

Um diese Tour herum strickten wir uns ein kleines, aber feines eignes Programm mit dem Besuch der schönsten Strecken. Wiederum waren wir noch nicht in der optimalen Reisezeit im Land, sondern im April, dem dortigen Herbst. Die Jahreszeiten auf der Südhalbkugel sind genau umgekehrt. Das Wetter im Herbst ist durchaus angenehm zum Reisen, weitgehend beständig, bis auf einzelne Tage nicht zu heiß. Optimal für Dampflokfans ist der dortige Winter, also unser Sommer: Im Inland tagsüber 15

bis 20 °C, nachts allerdings kalt. Das wiederum ist gut für Dampfeffekte bei den Fotos. Und fast nur Sonne, kaum Wolken und schon gar kein Regen.

Die Fahrt war dennoch auch im Herbst ein einmaliges Erlebnis, bequem, gute Küche mit gutem Wein, angenehme Schlafmöglichkeiten und extrem viel zu sehen. Aber die Fotomöglichkeiten waren auf zwei bis drei Unterbrechungen pro Tag beschränkt, die Scheinanfahrten bis auf eine (*siehe links*) nicht optimal geplant und durchgeführt. Ärgerlich waren die ungezählten Aufnahmen, die möglich gewesen wären, aber nie gemacht wurden, weil wir ja im Zug saßen. Wir beneideten die parallel mit dem Auto aktiven südafrikanischen Fans um ihre sicherlich überwältigende Bildausbeute.

1981: Allein wird's deutlich besser

Dann kam das Jahr 1981. Man lernt aus seinen Fehlern. Mittlerweile trauten wir uns ohne organisierte Reisegruppe ins Land, Mietwagen und einige Hotels wurden von Deutschland aus vorgebucht, die Route mit dem Freund in Südafrika und der südafrikanischen Eisenbahnfreunde-Vereinigung geplant. Gute Fotos hieß allerdings früh aufstehen, noch mitten in der Nacht. Aufstehen und ab an die Strecke: Langsam erscheint dünnes Morgenrot im Osten und dann, schlagartig wie nur in Ländern mit einer Luftklarheit eines Nicht-Industrielandes und trockenem Klima möglich, kommen die ersten Sonnenstrahlen. Und mit Glück und gutem Timing kommt mit diesen Strahlen auch der Zug! Es folgten vier Wochen, in denen ein Highlight das nächste jagte:

Unvergessen die Fotosessions in Bethlehem mit Start mitten in der Nacht und bangem Warten auf den erhofften »Mastershot« (s.a. S. 49).

Unvergessen der Besuch der 610-mm-Bahn in Weenen, mittlerweile schon lange Geschichte, damals noch mit einem täglichen Zugpaar aktiv. Natürlich mit Dampf, einer schnuckeligen blaulackierten und top gepflegten NGG13. Übernachtung in Weenen, einem Städtchen mit Western-Charakter, Holzbürgersteigen, man wartete auf die Schießerei am Mittag … Genauso »*heiß*« das Hotel, kein Schlüssel in der Tür und wir Naivlinge schoben »*zur Sicherheit*« einen Schrank davor, »*man weiß ja nie*«. Vermutlich war die Nacht in Weenen eine der ungefährlichsten in unserem Leben.

Unvergessen die Fahrt auf einem Weg, der diese Bezeichnung nicht verdiente und der schließlich Hunderte von Metern in einem Bachbett verlief, hinter dem ortskundigen englischen Eisenbahnfreund Ted Talbot, mit dem die

► Escourt – Weenen, das 610-mm-Kleinod in Nordnatal, hier die 1981 regelmäßig eingesetzte NGG13 »Liliputaner«.

▲ Auch wenn es nach Streckenfoto ausschaut: Die topgepflegte 15A 1570 war 1980 in De Aar nur noch für Rangiereinsätze zuständig.

▼ Die Baureihe S2 war ein kleiner, kräftiger D-Kuppler. Die letzten Planeinsätze waren Anfang der 1980er-Jahre im Hafen von Kapstadt, malerisch vor dem Tafelberg.

▲ »Heidi« war eine der 1981 regelmäßig von Waterval-Boven eingesetzte GMAM

▼ Das Sonnenaufgangfoto eines Schülersonderzuges mit 15AR 2092/1784 von Burgersdorp nach Rosmead bei Henning im Juli 1981 nach abenteuerlicher Anfahrt an die Strecke (*s. Beschreibung auf S. 21 und 24*).

▲ Der Nachtzug nach Bethlehem steht abfahrtbereit im Bahnhof Bloemfontein. In ca. 10 Stunden hat er sein Ziel erreicht.

Freundschaft ebenfalls bis heute gehalten hat. Ihn hatten wir, reiner Zufall, beim Abendessen im Hotel in Sterkstroom getroffen. Es ging zu einer Fotostelle mit einem Schülersonderzug mit Doppeltraktion der damals schon seltenen Baureihe 15AR auf der regulär seit Jahren dampffreien Strecke von Molteno nach Rosmead. In der Nähe – für meinen Geschmack zu nahe – ein, der Lautstärke nach zu urteilen, ziemlich großer Vogel, der erkennbar sehr »stinkig« war ob der Ruhestörung.

Weitere Reisen folgen

1984 gab es eine ähnlich gute Bildausbeute bei schon deutlich geringerer Dampflokdichte, wir wussten halt, wo wir hinmussten. Einige Nebenstrecken, vor allem im Raum Port Elizabeth, waren tatsächlich immer noch dampflokbetrieben, teilweise wurde nur dreimal in der Woche je ein Zugpaar gefahren. Aber wenn man die Fahrtage und Fahrzeiten hatte, ging immer noch einiges. Die Strecke Bloemfontein – Bethlehem entwickelte sich neben George – Knysna zum zweiten Hauptreiseziel: Beides landschaftlich sehenswerte Strecken, erstere nicht ganz so spektakulär wie die zweite und mit mehreren Dampfzugpaaren an jedem Tag der Woche.

In den Folgejahren wie 1987, 1989 und 1991 blieben nur Reststrecken wie George – Knysna, Bethlehem – Bloemfontein und Kimberley – De Aar sowie die 610 mm-Linien. Sonderfahrten und Industriedampf ergänzten das Programm.

Der Vorortverkehr Elizabeth bis 1981 und die Züge während der Apfelernte auf der Strecke Port Elizabeth – Avontuur sind nachfolgend nicht erfasst. Auf der Reststrecke Assegaaibos – Avontuur und Gamtoos – Patensie war das ganze Jahr ein geringer Restdampfbetrieb mit NG15.

Überblick über die Dampflokeinsätze im beschriebenen Zeitraum:

Im Mai 1979 wurden folgende Baureihen gelistet:

BAUREIHE	ANZAHL	RESERVE	VERMIETET
GMA/M	110	1	
S 1	37		
S 2	84	16	
12 R	72	1	
12 A	23		
12 AR	44		
14 R	81		16 (Swaziland)
14 CRM	12		
14 CRB	52		
15 AR	116		
15 CA	80		
15 F	244		6 (Rhodesien)
19 D	222	4	6 (Moçambique)
23	65	41	
24	77	21	
25	12	1	
25 NC	127		
GO		25	
17 Baureihen	**1458 Loks**	**9 Baureihen 111 Loks**	**3 Baureihen 28 Loks**

Gerade verdieselt waren (bis 1980):

STRECKE	BAUREIHE
Worcester – Riversdale	früher GMA
Riversdale – Mosselbay	früher GMA
Mosselbay – Oudtshoorn	früher GMA
Klipplaat – Rosmead	früher GMA
Port Elizabeth – Klipplaat	früher GMA/15AR
Arlington – Marquard	früher 19D
Kroonstadt – Klerksdorp	früher 15F/23
Vierfontein – Bultfontein	früher 15F
Allanridge – Vierfontein	früher 15F
Henneman – Allanridge	früher 15F
Springs – Breyten	früher 15F
Klipplaat – Oudtshoorn	früher 19D

Dampflok-Streckendienste Stand 1982:

STRECKE	BAUREIHEN	ZUGPAARE PRO STRECKE
Fort Beaufort – Seymour	19D	tgl. 2
Queenstown – Quamata (Transkei)	24	tgl. 1
Bowkers Park – Tarkastad	19D, 24	tgl. 1
Sterkstroom – Maclear	19D	tgl.·2
Molteno – Jamestown	24	wchtl. 3
Stormberg – Rosmead	15AR, 19D	tgl. 2
Schoombee – Hofmeyr	24	wchtl. 3
East London – King Williamstown	15 AR	z.T. Diesel
George – Knysna	24	tgl. 1
Bloemfontein – Kimberley	25NC. 15F	tgl. 15
Bloemfontein – Bethlehem	25NC, 15F	tgl. 10
Modderpoort – Ladybrand	25NC, 15F	tgl. 3
Marseilles – Maseru (Lesotho)	19 D	tgl. 3
Theurissen – Winberg	19D	tgl. 1
Dover – Vredefort	19D	tgl. 1
Harrismith – Warden	19D	tgl. 1
Kroonstad – Klerksdorp	15F	oft Diesel
Warrenton – Mafikeng	19D	tlg. 15
Estcourt – Weenen	NGG13	tgl. 1
Umlaas Road – Mid Illovo	NGG16	tgl. 2
Umzinto – Ixopo – Donnybrock	NGG16	tgl. 3
Ixopo – Madonella	NGG16	tgl. 2
Port Shepstone – Harding	NGG16	tgl. 6
Kimberley – De Aar	25NC, 26, 25	25
Standerton – Vrede	19D	tgl. 4
Bethal – Volksrust	19D	tgl. 3
Springs – Bethal	19D	oft Diesel
Breyten – Lothair	15F	tgl. 3
Nylstroom – Vaalwater	24	tgl. 3
Pretoria – Magaliesburg	24	tgl. 3
Pretoria – Cullinan	19D, 24	tgl. 3
Waterval Boven – Carolina	15CA, 19D, GMAM, 24	tgl. 1
Touwsriver – Ladismith	24	tgl. 1
Outshoorn – Calitzdorp	24	tgl. 1

▲ 1984 gab es noch einen mehrfach pro Woche verkehrenden, hier erfreulich langen GmP mit der Baureihe 19D auf der Strecke Bowkers Park – Tarkastad. Bowkers Park liegt an der Hauptstrecke East London – Springfontein nahe Queenstown.

▼Problem: Buschfeuer durch Funkenflug, leider nicht selten!

▼ Ein Blick in der Dämmerung in das Depot Germiston

Ein Blick auf die Politik (s.a. S. 5)

Die erste Frage, die wir uns vor unserer ersten Reise stellten, war: »Ist es überhaupt verantwortbar, in diesen Unterdrückungsstaat zu reisen?«. Zugegeben, die Verlockungen (Dampfloks, Landschaft, Reisekosten ...) waren ziemlich groß und sicherlich ein Grund unserer Entscheidung. Aber auch die Überlegung, uns selbst ein Bild machen zu wollen und mit den Menschen in Kontakt zu kommen, war einer der Hauptgründe. Diese Entscheidung steht mehr oder weniger bei jedem Staat an, der keine »lupenreine Demokratie« ist – und welcher Staat ist das schon? Und wir machten uns vor Ort ein eigenes Bild, das nicht unbedingt 100% deckungsgleich mit dem Bild war, das damals von den Medien vermittelt wurde.

1987 eskalierte die politische Lage, eine unangenehme Spannung war an jeder Straßenecke zum Greifen nahe, ein Funken hätte das Pulverfass zur Explosion bringen können. Simple Umspannanlagen waren besser gesichert als die DDR-Grenze! Politische Veränderungen waren spürbar. Die Luft knisterte, Diskussionen und Widerworte, die Unterdrückten begannen lauter und deutlicher aufzumucken als bisher und bei einem Teil der privilegierten Weißen wuchs die Einsicht, dass es so nicht weiter gehen konnte.

Zum Glück hatten die Schwarzen den längeren Atem und die nötige Geduld, und bei den Weißen setzte sich die Vernunft und der Wille zur Machtabgabe durch. Die »Nationale Partei« (NP) der weißen »Herrenmenschen« zerlegte sich von selber vor lauter Angst um die Macht. Innerhalb weniger Monate führte eine liberale Wende der Parteipolitik zum Wechsel.

Eine liberale neue Partei gewann bei jeder Wahl deutlich dazu, bis 1988 Rebellen in der führenden NP des Hardliners Pieter Willem Botha das Steuer herumrissen und den liberalen Weg einschlugen. 1989 wurde der »Putschist« Frederik Willem de Klerk selbst Nachfolger von Botha und leitete mit dem klugen, bedachten Führer des African National Congress (ANC), Nelson Mandela, das Ende der Apartheid ein.

Blutig wurde es dennoch phasenweise, die Zulupartei Inkatha und die weiße rechtsradikale Afrikaanse Weerstandsbeweging AWB (meistens von den burischen Afrikaanern bestimmt, von den englischstämmigen, eher liberalen Südafrikanern bespöttelt als »Afrikaaner without brain«) kämpften um ihren Teil der Macht. Zum Glück taten sie dies meistens inkompetent und ohne viel »Hirn«, sonst wäre wohl mehr Blut geflossen. Legende war ein Putschversuch der AWB in Mafeking – damals in eines der »Homelands« ausgegliedert – der nach wenigen Stunden weitgehend unblutig zusammenbrach. Wahrscheinlich hatten die Frauen die Putschisten zum Essen nach Hause gerufen und die wagten nicht zu spät zu kommen.

▼ 1987 *»knisterte die Luft«*, das Land stand kurz vor dem offenen Bürgerkrieg. Anschläge erschütterten Südafrika. Unter anderem waren Umspannanlagen Anschlagsziele und daher gesichert wie *»Fort Knox«*. Das Fotografieren von Eisenbahnen war dennoch – zumindest für weiße Gäste – .erstaunlich stressfrei.

▲ Die Strecke Oudtshoorn – Calitzdorp führte vorbei an zahlreichen Straußenfarmen, die GmPs wurden mit Loks der BR 24 bedient.

▼ Auf der Strecke Alicedale nach Grahamstown und weiter nach Port Alfred waren 1984 noch 19D-Loks, auch hier mit GmPs im Einsatz.

▲ Mehrfach pro Woche wurde die Strecke von Alicedale nach Kirkwood befahren. Die Aufnahme stammt ebenfalls aus dem Juli 1984.

▼ Die Güterzüge Waterval Boven nach Carolina mit GMAM-Doppeltraktion waren bis spät in die 1980er-Jahre die letzte Heimat der Garratts.

▲ Morgenstimmung im Juli 1981 im Depot De Aar, die ersten 25NC der Tagschicht verlassen das Bw.

▼ 15AR-2092/1784 haben einen Schülersonderzug nach Rosmead befördert. Für die Rückleistung nach Molteno haben sie den eigentlich Diesel-bespannten GmP am Haken, Juli 1981, bei Teebus.

▲ Nicht nur wie hier auf der Strecke Bethlehem in Richtung Bloemfontein bei Ficksburg waren die Stacheldrahtzäune rechts und links der Strecke zum Schutz vor Weidetieren ein Ärgernis für die Fotografen, kamen sie doch dadurch oft nicht an die gewünschten Fotopunkte

IM DAMPFLOK-DEPOT

Beginnen soll die Südafrika-Rundreise zu den Dampfloks der letzten 40 Jahre bewusst im Depot. Hier wurden die Maschinen gewartet und behandelt, ja oft richtig im Sinne des Wortes gepflegt – es waren Maschinen im Einsatz, deren glänzender Zustand jede europäische Museumsbahnlok ausgestochen hätte.

Das Personal bestand überwiegend aus »Non-Whites«, die Weißen hatten die führenden Funktionen inne. Wie im Rest das südafrikanischen Lebens mit sehr unterschiedlichen Einstellungen: Es gab die vernünftigen, angenehmen und sozial eingestellten Chefs genauso wie die »Baas«, die dem »Stupid Kaffer« deutlich machten, was Sache ist: »*Ich Chef, du Schnauze halten und arbeiten!*« Eine gewisse Verteilung nach der Gruppenzugehörigkeit war erkennbar: Die Menschen, die aus England stammten, wenn vielleicht auch

▶ War die Kohle feucht angeliefert, so musste sie wie hier im Bw Springs vorgetrocknet werden, bevor sie in die Loktender zum Anheizen der Maschinen ging.

▼ Blick in den Ausbesserungsteil des Depots Germiston 1979.

schon in der vierten Generation im Land, die »Baas« eher von der sturen Buren-Linie. Häufige Ausnahmen bestätigten allerdings die Regel.

Aufgrund von Fachpersonalmangel in den Jahren ab 1980 schafften es engagierte Schwarze durchaus auch zum Heizer oder Vorarbeiter, aber natürlich nur in Teams, wo ein vernünftiger Umgang miteinander an der Tagesordnung war. Im unteren Mittelbereich war dann allerdings schnell Ende der Karriere.

In den Großen Depots wie Bloemfontein, Krugersdorp, Kimberley waren damals bis zu 100 aktive Dampfloks beheimatet, entsprechend emsig ging es dort zu.

► Wartungsarbeiten im Bw Germiston.

▼ Die Rangierlok S1-382 wurde gerade frisch bekohlt, während eine weitere S1 den Kohlenachschub auf die Rampe fährt, um die Vorratsbehälter von oben zu befüllen. Die aufwendigen Bekohlungsanlagen waren in den größeren Depots Standard und sparten Arbeitskräfte.

Zwei typische Depotszenen: ◀ Links wird die Lösche aus der Rauchkammer entfernt, während ▶ rechts nach der Füllung des Tenders mit Wasser der Hahn abgedreht wird.

(***rechte Seite***) ▲ Erneut eine der Großbekohlungsanlagen, hier von einer 19D mit langem Torpedotender befahren.
▼ Nochmals das Bw Germiston, das 1980 die Dampfloks für die Rangiereinsätze im Großraum Johannesburg versorgte.

Weiter geht der Rundgang im Depot Germiston: ◀ Während links der Vorarbeiter mit angreift (*man vergleiche das Bild mit dem »Baas« auf S. 35*) werden rechts ▶ letzte Reinigungsarbeiten durchgeführt.

(***rechte Seite***) ▲ Heute unvorstellbar: Das Depot Port Elizabeth-Sydenham, im März 1979 voll mit allen möglichen Baureihen, u.a. auch Garratts der Baureihe GMAM wie die 4093 im Vordergrund. ▼ Reinigen der ausgebauten Treibstangen in Germiston.

KIMBERLEY – DE AAR

▲ 1981 war die 25NC »Sewitt« mit einem Güterzug auf der Strecke nach De Aar unterwegs.

◀ Das erste Streckenfoto der 26er im Juli 1981 wurde hart erkämpft: -10 °C Morgentemperatur und fast zwei Stunden Verspätung forderten den Fotografen einige Geduld und Kälteresistenz ab. Aber das Ergebnis versöhnte …

▲ Eine 25NC mit umgebautem Kondenstender donnert am frühen Morgen im Juli des Jahres 1981 in voller Fahrt durch den Ort Kraankuill in Richtung Süden.

Der Streckenabschnitt durchquert eine große Halbwüste »Great Karoo« innerhalb Südafrikas. Die Diamantenstadt Kimberley, bekannt durch das »Big Hole«, der ersten großen Diamantfundstelle, am nördlichen Ende ist zugleich der südlichste Punkt der Besiedlung aus Richtung Johannesburg. De Aar (und eigentlich noch einige Dutzend Kilometer weiter südlich) stellt so ziemlich das nördliche Ende jeglicher Zivilisation aus Richtung Kapregion kommend dar. Dazwischen ist nichts, viel Nichts!

Heißes, sandiges, staubiges, trockenes, unbewohnbares Nichts. Aber um die wesentlichen Teile des Landes zu verbinden musste eben hier eine Trasse geschaffen werden. Dies taten die Bahnbauer, das Gelände spielte mit und machte keine allzu großen Probleme.

In Kimberley wurden aus der Mine »Big Hole« (*das »große Loch« trägt seinen Namen zu Recht*) 22,5 Millionen Tonnen Gestein gehoben. Das ergab immerhin 2722 kg Diamanten. Auch nach dem Ende behielt Kimberley bis heute seinen Status als eine der Hauptstädte des Diamantenhandels. Ein Abkommen, mit dem das In-Umlauf-bringen von sogenannten »Blutdiamanten« aus Kriegsgebieten verhindert werden soll, trägt den Namen der Stadt.

Kimberley – De Aar war Teil der Hauptstrecke des Landes, welche die beiden (jahreszeitlich abwechselnd genutzten) Hauptstädte (Pretoria und Kapstadt) und die etwas südlich von Pretoria gelegene Wirtschafts- und Industrieregion um Johannesburg miteinander verband.

Hier lief (und läuft noch immer) der »Blue Train« (*den Anhängern von Luxus-Bahnreisen bestens bekannt*). Ein ehemals meistens gut gebuchter »Passenger« und ca. 50 Güterzugpaare am Tag ergänzten den Betrieb. Außer vor dem Blue Train und vor einem Luxusgüterzug von neuen Autos (man hatte wohl Angst um den Lack) waren nur Dampfloks im Einsatz. Große Depots in den Endpunkten erwarteten die Maschinen und bereiteten sie auf den nächsten Einsatz vor.

Der Streckenabschnitt war durchgehend zweigleisig ausgebaut (nicht so der Rest der Strecke). Mittlerweile ist zwar auch er elektrifiziert, dafür wurde aber die Zweigleisigkeit auf weiten Teilen aufgegeben. SO sieht Fortschritt bei »modernen« Bahnverwal-

▲ Die zweite von Wardale umgebaute Lok, BI Ebing, NC25 3454, war, ob im Depot KImberley oder auf der Strecke, natürlich immer der Star für die Fotografen.

▼»Susi« steht mit dem »Passenger« Richtung Süden im Juli 1981 abfahrtbereit in Kimberley.

◄ Die einzige Diesellok-Aufnahme im Buch, aber das Ärgernis für Dampflokfreunde an der Strecke Kimberley – De Aar sollte doch verewigt werden: Der Autotransportzug mit Neuwagen zu den reichen Abnehmern in Kapstadt war lange Jahre, außer dem Blue Train, der einzige Diesel-bespannte Zug der Strecke.

tungen der Jetztzeit aus! Landschaftlich hatte die Linie wenig Reize zu bieten, außer zweier Flussüberquerungen (Modder River und Oranje River) gab es eigentlich nur Wüste, ein paar Hügel und einige halbwegs fotogene Sandsteinfelsen.

Nachts in Krankuill

Bahnhöfe und eine sehr geringe Besiedlung ergaben sich an den beiden Flussquerungen und an weniger als einer Handvoll weiterer Stationen. Der wahrscheinlich bekannteste dieser Orte war Kraankuill (*oder ist es heute noch als Legende*). Das Örtchen bestand aus einem Bahnhof (*jawohl: Bahnhof, nicht Haltepunkt, mit Empfangsgebäude, Wartesaal, Beamten, Stellwerk. Für wen eigentlich?*), einer Tankstelle, einem Lebensmittelgeschäft und einem Hotel.

Das Hotel hatte allerdings in den letzten Jahren Kultstatus: Nur wenige Meter von der Strecke entfernt, in einer dünnwandigen Leichtbauweise ausgeführt, erlebte der Gast jeden Zug hautnah. Aber DAS war ja auch genau der Zweck des Aufenthaltes. Besonders eindrucksvoll waren die Nächte. Der Gast, der zum ersten Mal hier nächtigte, war vorzuwarnen. Sonst hätten ernsthafte Panikattacken gedroht: Die Dampfloks, teilweise mit Vorspann, donnerten mit bis zu 100 km/h vorbei, unter Volllast, getrennt von – wie gesagt – einer dünnen Bretterwand und etwa 5 m Luftlinie! Man verschlief definitiv KEINEN Zug, schon gar nicht die Bergfahrer – eine leichte, aber immerhin wahrnehmbare Steigung gab es in Richtung Süden – die auf der dem Hotel zugewandten Seite fuhren. Aber alles längst Geschichte, das Hotel hatte in den letzten Jahren mit vereinzelten Dampflokeinsätzen mehr schlecht als recht über-

► Die frühen Morgenstunden im Winter brachten durch die oft auftretenden Minusgrade gute Dampfeffekte.

▲ Die Museumsloks »Frieda«, 25 3511, durfte immer mal wieder mit Planzügen auf die Strecke, sie musste ja bewegt werden.

▼ Landschaftlich reizvolle Aufnahmen der Strecke waren schwierig zu bekommen. Neben den Flussüberquerungen bot die leicht hügelige Umgebung von Orange River einige Motive. Hie ein nordwärts fahrender Güterzug mit einer ursprünglichen 25NC mit Kastentender.

◄ Das Stellwerk im Bahnhof Krankuill regelt den Verkehr auf den Abschnitten beider Richtungen.

lebt, mittlerweile existiert es mit Sicherheit nicht mehr, wie vermutlich der gesamte Ort.

Unvergesslich im Leben eines Eisenbahnfreundes wurde eine Nacht im besagtem Hotel. Nochmals getoppt wurde das Ganze bei unserer Reise durch den Besuch des Bahnhofs nach dem – wie immer im damaligen Südafrika – sehr reichlichen Abendmahl inklusive gut gekühltem Bier.

Danach musste ein Verdauungsspaziergang her, was lag also näher, als die ca. 800 m zum Bahnhof zu laufen und einen Plausch mit dem Nachtdienst-leistenden Stellwerker zu führen. Dieser war auch hoch erfreut ob der willkommenen Unterbrechung der Warterei auf den nächsten Zug. Als der Beamte erfuhr, dass einer unserer Mitreisenden Tonaufnahmen der fahrenden Züge anfertigte (*gibt es dieses Hobby heute eigentlich noch in Zeiten von youtube?*), bot er an, die nächste Aufnahme etwas aufzupeppen, indem er dem kommenden Zug die eigentlich vorgesehene und problemlos mögliche Durchfahrt verweigerte. Gesagt, getan, BAND AB, Signal wird gestellt, der Zug kommt, nimmt Fahrt weg (*seitens des Lokpersonals vermutlich unter »Absingen hässlicher Lieder«*), bremst bis zum Stillstand, pfeift erbost seinen Protest, bekommt »freie Fahrt« gestellt, fragt sich, was der Unsinn eigentlich soll, legt eine donnernde Anfahrt hin und gibt bei der Vorbeifahrt am grinsenden Bahnhofs-Nachtchef nochmals per Dampfpfeife seinen Kommentar zu der Aktion ab. BAND STOPP. Die Aufnahme dürfte heute noch zum Besten in der Sammlung des Dampfloksound-Fans gehören.

Lokomotiven

In den letzten Jahrzehnten des Dampflokeinsatzes bestimmte nur noch eine Baureihe in zwei Varianten das Geschehen: Die von Henschel entwickelte und teilweise von Beyer Peacock in Lizenz nachgebaute Baureihe 25. Eine formschöne 2'D2'-Schlepptender-Lok, die ihre deutsche Herkunft nicht verleugnen kann. Ursprünglich wurde für den Einsatz auf der beschriebenen Strecke eine Kondens-Variante entwickelt. Dabei wird der Abdampf aufgefangen und in einem extralangen Tender über Rohrleitungen gekühlt und so wieder verflüssigt und erneut verwendbar gemacht. Aber das Verfahren hat sich eigentlich nie so richtig bewährt.

Also kamen die Eisenbahner Südafrikas auf die genau so einfache wie naheliegende Idee und schmissen das ganze unwichtige »Gedöns« aus dem schön geräumigen Tender heraus und nutzen den Platz für einen überdimensionierten Wassertank. Geboren war die Variante 25NC (= *Non Condensing*). Eine dritte Variante wurde von Anfang für die anderen südafrikanischen Strecken an mit »normalen« Tendern geliefert und hatte sich bewährt. Nachdem in den späteren Jahren die Wasserversorgung an den Zwischenhalten deutlich verbessert worden war, wurden auch diese Maschinen in der Great Karoo eingesetzt.

(***rechte Seite***) ▲ Noch ein eindrucksvoller Beweis niedrigster Temperatur (ca. -10 °C), fast schon zuviel des Guten: eine südwärts fahrende 25NC mit Güterzug produziert eine Sonnenfinsternis. ▼ Das Pärchen 25NC, mit umgebauten Kondenstender und mit Kastentender, ebenfalls in Richtung Süden unterwegs, macht im Juli 1981 in den Abendstunden bei ca. 20 °C keine derartigen Probleme.

BETHLEHEM – BLOEMFONTEIN

Die seinerzeit recht betriebsame Nebenstrecke (mehrere Güter- und Personzugpaare pro Tag, inkl. einer Nachtzugverbindung) im Landesinneren auf der Hochebene wurde schnell ein weiterer Geheimtipp durch die sehenswerte Gebirgslandschaft mit vielen Steigungsabschnitten. Noch heute ist sie das – zuletzt leider nicht sehr erfolgreiche Ziel – von Sonderfahrten.

► Eine Sonderfahrt 1997 hatte auch diese Strecke in den Fahrplan eingebaut. Das Bild ist für Eingeweihte allerdings erkennbar nicht »original 1980er-Jahre«: Die hier zu sehenden 15AR/16DA sind dort nicht mehr gefahren: Aufnahmen bei Slabberts Richtung Ficksburg
▼ Die Ausfahrt des morgendlichen Güterzuges aus Bethlehem war jeden Tag ein Erlebnis der Extraklasse, die starke Steigung forderte der Mannschaft ihr gesamtes Können ab.

FOTOTOUR IN BETHLEHEM - nichts für Langschläfer!

Auf der Strecke Bloemfontein – Bethlehem verkehrte ein nächtlicher »Passenger« (Personenzug mit Schlafwagen), der in den frühen Morgenstunden sein Ziel im bergigen Hochland erreichte.

Der Winter (*umgekehrte Jahreszeiten auf der Südhalbkugel*) war ideal zum Fotografieren: fast durchgehend unbedeckter Himmel und nachts saukalt, was die Dampfbildung optimierte, zudem oft windstill.

Also den Wecker auf 5:00 Uhr stellen, einen Kaffee runterkippen zum Wachwerden, einen Eimer kaltes Wasser über das Auto kippen (*bitte kein heißes, sonst kann die Scheibe reißen!*), so das Freikratzen der Scheiben sparen und dann los, alles noch bei Dunkelheit. An die am Tag zuvor ausgespähte Stelle (*hier etliche Hundert Meter über umzäunte Weidefläche, in der Hoffnung, dass sich nicht irgendwo ein Stier – oder in anderen Regionen ein Strauß, letzterer deutlich aggressiver – aufhält)* wandern ... und warten: Ist der Zug pünktlich? Kommt er zu früh (*auch das gab es!*), dann fehlte noch die Sonne. Oder deutlich zu spät? Dann war das gute Licht schon weg und wir standen an der falschen Stelle. Darauf hin umziehen führte in der Regel dazu, dass genau DANN der Zug kam, wenn man an der schlechtesten Stelle unterwegs war. Aber – man höre und staune – die SAR hatte damals eine faszinierende Pünktlichkeit: acht von zehn fast auf die Minute, einer leicht zu spät oder zu früh, einer höllisch daneben. Also Risiko! Und einen Vorteil hatte der Standpunkt: absolute Ruhe! Also hörte man – dank der langen Steigung über ca. 10 km – den Zug SEHR frühzeitig.

Der optimale Ablauf: Ende der Nacht – Wanderung zum Fotostandpunkt – Pfeifen und Stampfen der Lok in der Ferne – Ende der kurzen Dämmerung – Einnahme der optimalen Fotoposition, Aufbauen von Stativen für Film und Mittelformat – Näherkommen, Lauterwerden, Auftauchen der Dampfwolke hinter dem Bergrücken – alles richtig eingestellt und schussbereit? – leichte Panik – und Schuss! ▶▶

Das beste Ergebnis von ca. zehn Versuchen, den Nachtzug von Bloemfontein in der Nähe von Barnea, wenige Kilometer vor Bethlehem zu verewige

ige weitere brachten vergleichbar gute Ergebnisse, andere gingen grandios daneben.

▲ Im April 1980 passiert eine 25NC mit Güterzug in Richtung Süden den Fotografen bei Ficksburg.

▼ Der Nachtzug nach Bethlehem steht im Juli 1981 in Bloemfontein zur Abfahrt bereit.

▲ Wie in den guten, alten Tagen nimmt der »Passenger«, bespannt mit 15AR 1850 + 16DA 876, die Steigung Richtung Bethlehem. Nur die Kenner merken es gleich: Es handelt sich um den »Southern Cross Drakensberg«-Sonderzug, der »echte« Passenger wäre hier nachts und mit einer 25NC bespannt durchgekommen. (Juli 1997)

GARDENROUTE

Die sogenannte »Gardenroute« – die Strecke von Kapstadt über Worcester – Riversdale – Mosselbay – George und über den Montagu-Pass nach Oudtshoorn ist eine der schönsten Strecken weltweit. Im Abschnitt Mosselbay – George – Montagu-Pass – Oudtshoorn gab es bis in die 1980er-Jahre regelmäßige Dampflokeinsätze. Die Bahnstrecke George – Knysna wurde als letzte Strecke in Südafrika planmäßig von Dampflokomotiven befahren und war eine der landschaftlich schönsten Linien auf dem gesamten Kontinent.

George – Knysna

Berühmt ist der Kaaimansriver Viadukt, wahrscheinlich früher die meistfotografierte Brücke in Afrika. Das Streckenstück an der Küste vor und nach dem Kaaimans-River-Viadukt wurde bei Unwettern weitgehend zerstört, was zur vorläufigen Stilllegung führte.

▼ Eine von mehreren Top-Fotostellen der Strecke: Der Holzsteg über die Knysna-Lagoon kurz vor dem Endbahnhof

Die 68 Kilometer lange Strecke wurde zwischen 1924 und 1928 gebaut. Sie galt damals wegen der schwierigen topografischen Bedingungen als teuerster Streckenabschnitt der Welt. So mussten mehrere aufwendige Brücken errichtet werden, u.a. der berühmte Viadukt über den Kaaimansriver direkt an dessen Mündung in den Pazifik.

Bei Flut stehen die Pfeiler direkt in der Brandung. Einige längere Holzbrücken führen über Salzwasser-Lagunen. Auch Tunnel waren erforderlich. Die Trassierung war im ersten Teil direkt an der Küste immer heftigen Stürmen und der salzhaltigen Luft ausgesetzt, was die Lebensdauer der Schienen sehr verkürzte. Die Holzbrücken sind das Hauptproblem bei einer möglichen Wiedereröffnung, da sie alle sehr aufwendig erneuert werden müssten.

Haupttransportgüter waren zunächst Holzladungen aus den Wäldern um Knysna nach George, wo dieses auf Seeschiffe verladen wurde. Später waren es neben dem Holz die Güter des täglichen Bedarfes für Knysna und für den dahinter liegenden Küstenabschnitt. Normale Reisende nutzten das Zugangebot als bewährtes öffentliches Verkehrsmittel und auch der Touristenverkehr nahm in den 1980er-Jahren bereits deutlich zu.

▼ Die Strecke über den Montagu-Pass sah bis weit in die 1990er-Jahre Sonderfahrten, oft mit Garratts wie hier mit einer GMAM. Das »Feeling« entsprach der Wirklichkeit bis Ende der 1970er-Jahre.

BRÜCKEN ÜBER BUCHTEN UND LAGUNEN

Die Stichbahn nach Knysna zweigt in George von der Hauptstrecke Kapstadt – Port Elizabeth ab. Diese schwenkt an dieser Stelle nach Norden ins Landesinnere in Richtung Montagupass, während die Nebenbahn weiter der Küste in Richtung Osten folgt. George liegt auf ca. 230 m ü.NN. etwas im Landesinnern, daher fällt die nach einigen Kilometern direkt an der Küste verlaufende Strecke langsam ab. Nach insgesamt 15 Kilometern wird der Ferienort Wilderness erreicht. Hier wendet sich auch diese Strecke etwas ins Landesinnere und überquert dabei den Touwsriver auf wenigen Kilometern dreimal.

Die Brücke über die Svartvlei-Lagune ist der schwache Punkt der Strecke, da hier beim Bau der Fundamente kein fester Grund erreicht werden konnte. Das begrenzt das Gewicht der überfahrenden Lokomotiven. Die Lagunen, ob auf Brücken überquert oder vor dem Zug, sowie die Gebirgszüge der Outeniqua-Mountains mit über 1500 m im Hintergrund bieten immer wieder sehenswerte Motive.

Zwischen Goukamma und Knysna steigt die Strecke mit Hilfe von engen Kehren auf über 120 m ü.NN., um nach dem Scheitelpunkt bei Keytersnek wieder auf Meeresniveau abzufallen. Auf Dämmen und einer weiteren lang gestreckten Holzbrücke, wahrscheinlich zweithäufigstes Motiv der Strecke, wird die Lagune von Knysna überquert. Wenige Hundert Meter später ist der Endbahnhof in Knysna erreicht.

DIE BESTE ZEIT

In den 1980er-Jahren, der erfolgreichsten Zeit der Strecke, liefen täglich zwischen einem und drei Zugpaare, meistens »mixed trains«. Touristen konnten an den meisten Wochentagen ab George (und damit

◀ Einer der beschriebenen Touristenzüge überquert im Juli 1999 den Kaaimansriver-Viadukt.

◄ Auch auf der Strecke von Mossel Bay nach George gibt es einen sehenswerten Viadukt, die Maalgaten River Bridge, der hier im Juli 1997 von einem Foto-GmP in Richtung George überquert wird.

aus der touristischen Hochburg in der Region Mossel Bay) morgens nach Knysna fahren und nach ein paar Stunden in dem netten Küstenstädtchen mit einem Hauch von England am selben Tag in ihr Urlaubsquartier zurückkehren. Das wurde sehr häufig genutzt und war ein fester Programmpunkt und ein »Magnet« der Region. Zudem verkehrten etliche Sonderzüge über die Strecke, die Highlights waren die damals mehrfach jährlich verkehrenden »Steamsafaris«, die oft mit drei Lokomotiven der Baureihe 24 geführt wurden.

Auch über den Montagu-Pass (ab George landeinwärts) verkehrten damals noch Personenzüge, es gab eine durchgehende Verbindung von Kapstadt nach Port Elisabeth. Ende der 1970er-Jahre wurden die Personenzüge noch mit GMAM-Garratts über den Pass befördert. Bis weit in die 1990er-Jahre hinein gab es auch hier zahlreiche Sonderzüge.

Aber dann ging immer mehr Güterverkehr wie auch andernorts auf die Lkw über und die schnelleren Busse machten dem Personenverkehr den Garaus.

EIN LEBEN ALS MUSEUMSBAHN?

Die Bezeichnung des Touristenzuges mit »Outeniqua Choo-Tjoe« stammt zum einen von den in der Nähe befindlichen Outeniqua-Bergen und ist an den Chattanooga-Choochoo angelehnt, wobei das »Choo-Tjoe« (*beides gleich ausgesprochen*) eine Kombination aus der englischen und der afrikaansen Schreibweise ist.

Die Bahn wurde seit 1992 offiziell als Museumsbahn betrieben, damit schien der Dampfbetrieb sichergestellt zu sein. Außer am Sonntag verkehrten im Sommer täglich zwei Zugpaare als reine Personenzüge und zusätzlich bei Bedarf weitere Güterzüge. Außerhalb der Saison fuhr meist ein Zugpaar, wie in den früheren Jahren ein »Mixed Train«. 1993 übernahm die »Transnet Heritage Preservation« von der SAR den Betrieb und führte die Geschäfte erfolgreich. Waren es 1992 noch etwa 40.000 Passagiere im Jahr, so zählte man 2002 bereits 115.000, etwa 70 % davon Touristen aus dem Ausland.

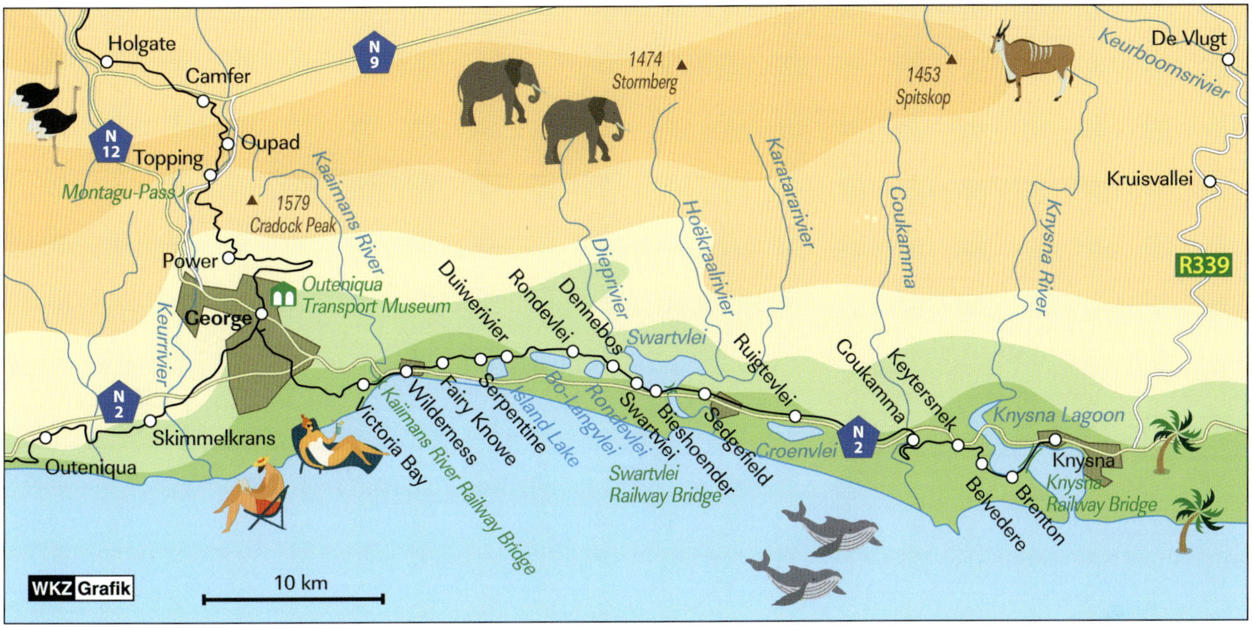

Dem Museum in George war das Bahnbetriebswerk angegliedert, das neben den Maschinen für die Strecke nach Knysna etliche weitere Loks unterhielten, die nach Mossel Bay und über den Montagupass regelmäßig auf die Strecke durften.

Im August 2006 kam es durch schwerste Regenfälle am Kaaimans-Pass oberhalb der Brücke zu mehreren Erdrutschen. Felsmassen stürzten auf die Gleise. Im November 2007 wurde zudem der Bahndamm in der Swartvlei-Lagune unterspült. Der Schaden wurde auf 100 Millionen Rand (damals rund 10 Millionen Euro) geschätzt. Dadurch war die Strecke an mehreren Stellen zwischen George und Sedgefield unterbrochen und der Betrieb wurde erst einmal eingestellt. Zunächst versuchten die Verantwortlichen den Betrieb mit regelmäßigen Dampflokfahrten von George nach Mossel Bay zu retten, aber weder war die Strecke vergleichbar spektakulär noch hatte Mossel Bay den Charme des Städtchens Knysna.

Es gab zwar immer wieder rührige Anläufe, den Betrieb erneut aufzunehmen. Aktuell ist die Strecke zwar immer noch nicht ganz »abgeschrieben«, mit jedem Jahr Pause wird es jedoch schwieriger und teurer, den Dampfbetrieb wieder einzurichten. Die Chancen dafür dürften leider fast gleich Null sein.

▲ Der Lokführer des abendlichen GmP nach Georg meinte im Juli 1981 klugerweise, den Fotografen etwas bieten zu müssen.

▲ Der Güterzug in Richtung Knysna passiert im Juli 1987 einige Einheimische, die gerade ihren Fang zum Nachtmahl umwandeln.

▼ Eine der erwähnten Dreifachtraktionen ist im August 1989 mit 15 Wagen am Svartflei auf dem Rückweg nach George.

▲ Die Ecke um den Kaaimans River Viadukt bot etliche Motive mehr, die aber fast immer zu kurz kamen. Dieses Motiv erforderte nur ca. zehn Minuten Fußmarsch.

▼ Das war's? Ein trauriger Blick folgt dem letzten Zug, hier im Juli 1989 allerdings nur dem letzten Zug des Tages.

STERKSTROOM – MACLEAR

Die Sterkstroom – Maclear-Strecke war einer der Geheimtipps Anfang der 1980er-Jahre: Landschaftlich äußerst reizvoll und für eine Nebenstrecke in »middle of nowhere« erfreulich gut befahren. Es gab werktäglich mehrere Güter- und Personenzüge von durchaus sehenswerter Länge. Der Hintergrund war, dass ein Großteil des Verkehrs in die Transkei bis Maclear über die Strecke abgewickelt und erst dort auf Lkw verladen bzw. auf Busse umgestiegen wurde. Vermutlich sprach der Kostenfaktor damals noch zugunsten des Zugverkehrs, das sollte sich ab Mitte der 1980er-Jahre leider sehr schnell ändern.

Als Aufmacher seien gleich zwei Aufnahme eines Schülersonderzuges im Juli 1981 erlaubt: ◄ 19D 2746/2712 bei Indwe und ▼ der selbe Zug bei Ugie. Im Hintergrund stand Charlie Lewis, Mitautor des »Great Steamtrek«-Bildbandes auf einer ziemlich schwankenden Leiter, vom Wind gut durchgeschüttelt.

Mittlerweile ist auch diese Strecke schon lange außer Betrieb. Gebaut wurde sie in drei Etappen: Der erste Abschnitt von Sterkstroom nach Indwe ging am 1. Februar 1904 in Betrieb, es folgte Indwe nach Xalanga am

Die **Transkei** war das größte der sogenannten »Homelands«, in welche der südafrikanische Staat schwarze Bürger ausbürgerte bzw. genauer: abschob, um ihnen die – auch für die schwarze Bevölkerung gegebenen, wenn auch eingeschränkten – Rechte und soziale Unterstützungen absprechen zu können. Arbeitsgenehmigung für die »Ausländer« gab es natürlich! Die billigen Arbeitskräfte wurden dringend gebraucht. Selbstverständlich gab es keine einzige Regierung außer der südafrikanischen, der diese »Staaten« diplomatisch anerkannte. Der Name stammt von den Grenzfluss Kei-River, die Transkei ist eben das Land auf der anderen Seite dieses Flusses. Es gibt auch eine Region Ciskei, eben die Region diesseitig des Flusses.

17. August 1905, danach Xalanga nach Elliot am 18. Mai 1906 und als letzter Abschnitt Elliot nach Maclear am 29. August desselben Jahres. Die Region ist als Teil der Drakensberge äußerst reizvoll, mit teils schroffen Gebirgszügen mit Höhen bis über 2770 m. Die Strecke verläuft mehr oder minder in einem lang gestreckten Hochtal. Das Wetter ist für die Hochebene Südafrika eher untypisch. Es gibt im Winter häufiger Wolken und Niederschläge, vermutlich durch die Luftfeuchtigkeit vom Meer und die Strömungsbremse Drakenberge.

Die Besiedlung ist typisch für die Region, wenig kleinere Städte (Elliot, Indwe und eben Maclear), ein wenig Landwirtschaft und viel Leere.

Es gab viele Steigungs- und Gefällstrecken auf der Linie, weil sich die Planer möglichst stark an die vorgefundenen Geländegegebenheiten angepasst hatten. Einer der normalen Personenzüge ▶ ist bei Indwe in Richtung Sterkstroom unterwegs, während nochmals der Schülersonderzug ▼ in der selben Richtung mit einer der stärkeren Steigungen zu kämpfen hat (beide Aufnahmen im Juli 1981).

Drei Aufnahmen von Ted Talbot (*s. auch S. 21 und 24*) sollen mit einer letzten Schüler-Sonderzug-Aufnahme das Kapitel beschließen: ▲ Die obere Aufnahmen ist mit dem Ort «Waterstop» gekennzeichnet, es führt die 19D 2664 (*der Zug führt interessanterweise schon damals (vor 1981) einen Autotransportwagen mit*), während unten ▼ die 19D 2712 mit einem Güterzug unterwegs ist.

▲ Die obere Aufnahme, wieder von *Ted Talbot*, zeigt die 19D 2723 mit einem weiteren Personenzug.

▼ Den Abschluss bildet der Schülersonderzug, dieses letzte Mal im mittleren Streckenteil in Richtung Sterkstroom.

EIGHT REVERSES TO BARKLY EAST

Die Nebenbahnlinie Aliwal North – Barkly East in Südafrika durchquert spektakuläre Landschaften durch die Südkap-Drakensberge. Sie zweigt in Aliwal North von der Hauptstrecke East London – Dreunberg – Aliwal North – Sannaspos – Bloemfontein ab. Durch ihre acht Spitzkehren war diese Strecke überregional bekannt.

Die Drakensberge in Südafrika sind ein Hochgebirge, das an die Alpen erinnert, die oft engen Täler sind teilweise wie in der Region Barkley East trocken und felsig. Allerdings ist aufgrund der deutlich geringeren Besiedlung die Erschließungen durch Eisenbahnlinien wenig bis gar nicht vorhanden. Eine durchgehende Linie gibt es bis heute nicht, vielmehr werden die Hauptstrecken um das Gebirge herum geführt. Allerdings führen einige Stichbahnen in die Berge hinauf. Teilweise können sie lang gestreckte Täler nutzen, ohne große topgrafische Herausforderungen. Die eigenartigste war die Bahn nach Barkly East, deren Erbauer allerdings vor große Geländeprobleme gestellt waren.

◀ 1980 – im Rahmen der ersten Steamsafari – wurde natürlich auch die Strecke nach Barkly East befahren. Die besten Fotos gab es damals in Lady Grey, vor der Rückfahrt nach Aliwal North.

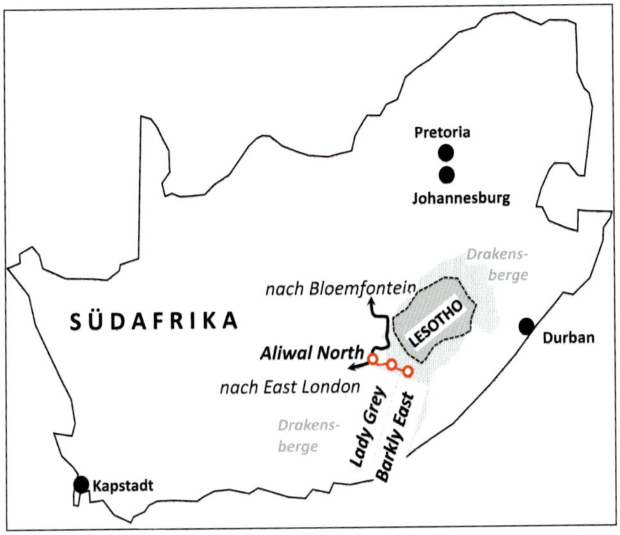

Diese wurden kreativ gelöst: Die Bahn erlangte durch ihre eigenartige Streckenführung eine gewisse Berühmtheit, im Zickzack-Kurs ging es zunächst bergab und dann bergauf. Die Lokomotive drückte nach der ersten Spitzkehre (engl. Reverse) den Zug rückwärts auf dem folgenden Abschnitt bergauf bis zum nächsten Prellbock, gesteuert von einem Einweiser auf dem Trittbrett des letzten – jetzt ersten – Wagens. Früher wurde dabei ausschließlich mit Flaggen gearbeitet, später kam Funk dazu. Ab hier ging es dann, je nach Gelände, bergab oder bergauf bis zur folgenden Spitzkehre, wo die Prozedur von vorn begann. Die Lokomotive war wieder in der »richtigen Position« vor dem Zug.

GESCHICHTE

Entgegen der ursprünglichen Planung wurde die Strecke über acht Spitzkehren geführt, was zwar den Betrieb erschwerte, aber letztlich wesentlich kostengünstiger war. Hauptgrund für diese Variante war allerdings ein Schiffsuntergang und die wachsende Kriegsgefahr in Europa (siehe Seite 74).

Um die Bahnlinie mit niedrigen Erstellungskosten zu errichten, baute man zunächst eine Behelfsstrecke mit sechs Spitzkehren ohne Kunstbauten für die Beförderung des Baumaterials. Dazu wurden die Gleise den landschaftlichen Gegebenheiten angepasst. Sie umfuhren mehr oder weniger jede Talkrümmung. Der sich daraus ergebende Nachteil einer sehr kurvenreichen Strecke spielte zur Zeit der Erbauung noch keine Rolle. Für die dadurch zu überwindenden starken Höhenunterschiede auf kurzen Entfernungen baute man platzsparende Spitzkehren. Damit wurde die Schlucht des Karnmelkspruit, eines kleinen Flusses, und der Abstieg ins Flusstal des Kraai River sowie der folgende Wiederanstieg gemeistert.

SPITZKEHREN 1 BIS 6

Die Bauarbeiten am Streckenabschnitt Aliwal North – Lady Grey begannen 1902. Ursprünglich war geplant, hinter Melk eine große Talbrücke über die Schlucht des Karn-

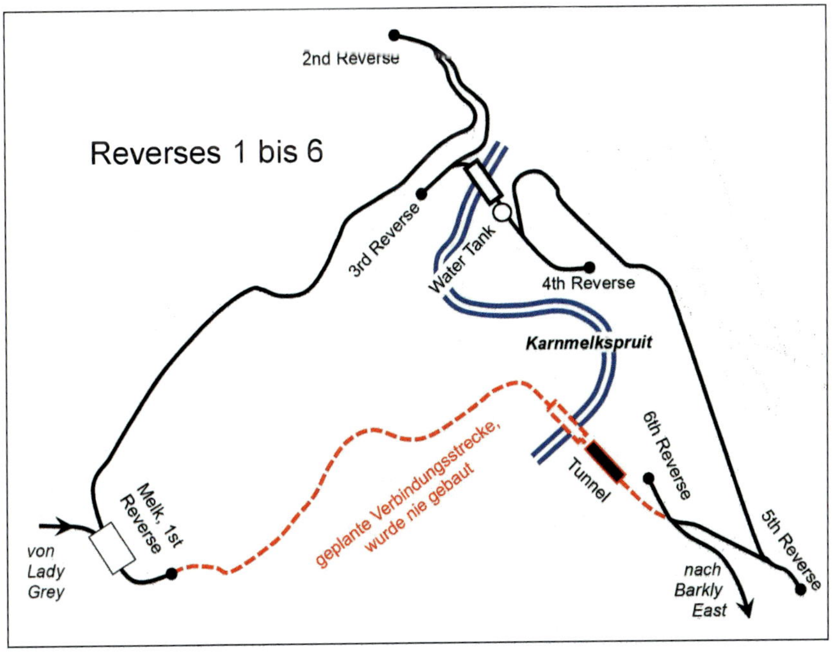

▲ Ein Sonderzug mit einer 19D verlässt die 6. *Reverse*. Noch zwei Spitzkehren, dann ist das Ziel Barkly East erreicht.

▼ Mit Volldampf geht es zur nächsten Spitzkehre hinauf.

▲ Wasserhalt in Watertank: Ohne Ergänzung der Wasservorräte war die strapaziöse Bergfahrt für die Dampfloks nicht zu bewältigen.
▼ Der Zug, jetzt auf der Rückfahrt, hat die 3. *Reverse* verlassen, erreicht demnächst die 2. und muss von der dann auf der oben sichtbaren Strecke rückwärts zur 1. *Reverse* schieben, um das Tal des Karnmelkspruit zu verlassen.

Die weitgehend unberührte Gebirgslandschaft der Drakensbergausläufer bot immer wieder tolle Motive, auch wenn die eine oder andere längere Wanderung erforderlich war. (*Alle Aufnahme dieser Doppelseite von der »Southern Cross Drakensberg«-Sonderfahrt 1997*).

▲ Der Fotostopp auf der Foto-Steamsafari englischer Eisenbahnbahnfreunde 1997 in der 6. *Reverse* auf der Rückfahrt. Das Motiv verlangte einen kleinen Aufstieg für den besten Standpunkt. ▼ Ein typischer Güterzug, als »Mixed« mit Personenbeförderung auf der Bergfahrt.

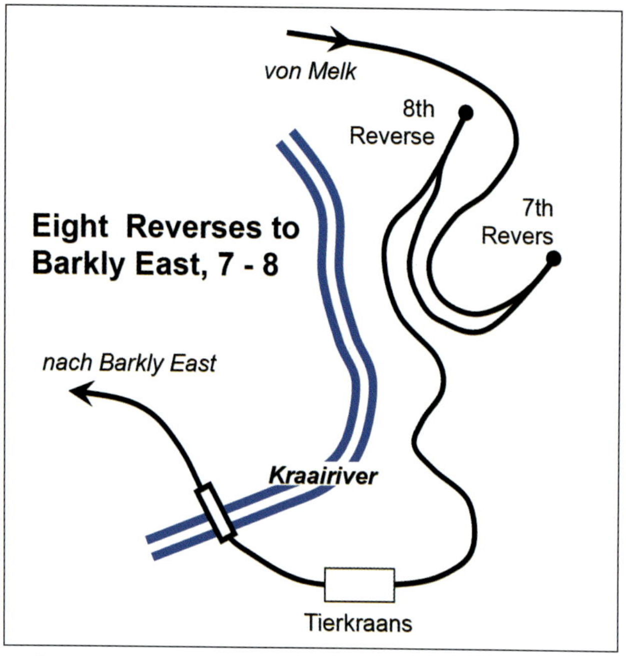

melkspruit zu errichten und anschließend einen Tunnel durch zu schlagen. Der Tunnel wurde 1911 fertiggestellt, auf der andere Seite wurden ein Einschnitt und die künftige Trasse gebaut. Am 1. Dezember 1911 erfolgte die offizielle Streckeneröffnung bis Melk. Die Stahlkonstuktionsteile der Brücke sollten mit einem Schiff aus Großbritannien geliefert werden. Sie erreichten allerdings nie ihr Ziel, das Schiff sank im Sturm. In Europa drohten Ausweitungen der militärischen Konfrontationen, in Großbritannien waren die Stahlwerke anderweitig ausgelastet. Daher konnten die untergegangenen Bauteile vorerst nicht erneut geliefert werden.

Damit wurden die behelfsmäßig erstellten sechs Spitzkehren zu einer Dauerlösung. Das recht geringe Verkehrsaufkommen ließ die Verantwortlichen zu dem Schluss kommen, dass eine Durchführung von teuren Bauprojekten wie einer Brücke zur Verkürzung der Fahrzeit auf einer unbedeutenden – aber funktionierenden – Nebenstrecke nicht die allererste Priorität hätte.

Ein Nebeneffekt war, dass der fertige Tunnel nie befahren wurde. Nachdem sich das Verfahren mit den Spitzkehren bewährt hatte, wurden auf dem oberen Teil zu Vereinfachung der Trassenführungen zwei weitere eingebaut. Der Ort New England wurde 1913 erreicht, bis zum Endpunkt Barkly East dauerte es weitere zwölf Jahre, hier war die Eröffnung im Jahr 1925. Die Strecke wurde 2001 stillgelegt.

VON *REVERSE* ZUR *REVERSE*

Die Strecke benutzte nach Verlassen des Bahnhofs Aliwal North auf den ersten 2,4 km das Gleis Richtung Dreunberg mit. Nach 16 km begann im Bahnhof Melk der erste Spitzkehrenabschnitt, nach der 2. ging es wieder zunächst »richtig herum« weiter. In der 3. *Reverse* erfolgte ein erneuter Richtungswechsel. Es ging weiter bergab bis zur Flussbrücke über den Karnmelkspruit, direkt danach stieg die Strecke bereits wieder an. An der Haltestelle Water Tank ergänzten alle Dampfloks die Wasservorräte. Von diesem Halt ist hoch oben im Bergmassiv das nördliche Tunnelportal des nie befahrenen Tunnels erkennbar.

Nun folgte ein dauerhafter Anstieg. In der 4. Spitzkehre wurde die Fahrtrichtung erneut gewechselt: Mit einer Steigung von 1:30 folgte hier das steilste Streckenstück bis zur 5. Reverse. Nach dem nächsten Richtungswechsel wurde der Zug von der Lokomotive ihren Zug bis zur 6. Spitzkehre hoch geschoben. Hier befand sich in etwa 100 m Entfernung das Südportal des ungenutzten Tunnels.

Anschließend ging es sehr kurvenreich in südöstlicher Richtung. Der höchste Punkt wurde bei Drizzly mit 1990 m erreicht. Lange Zeit war der Bahnhof New England der Endpunkt der Linie, daher gab es hier ein Gleisdreieck und die Infrastruktur zur Versorgung von Dampflokomotiven. Nach weiteren 14 km folgte der Abstieg ins Kraai River-Tal, wie erwähnt mittels zweier weiteren Spitzkehren. Hinter der Station Tierkrans und der Brücke folgte ein erneuter Anstieg bis Barkly East. Auch hier befand sich ein Gleisdreieck und es gab ein kleines Lokomotivdepot mit zweiständigem Lokschuppen, Wasserturm, Bekohlungsanlage und Werkstatt.

AUCH DIE VERDIESELUNG RETTET DIE STRECKE NICHT

In den ersten 40 Jahren verkehrten hier Garratts der Baureihe GB. Als Ablösung folgten die Schlepptender-Dampflokomotiven der Baureihe 19D. Ab Ende der 1970er-Jahre wurden Diesellokomotiven eingesetzt. Befördert wurden vorwiegend landwirtschaftliche Erzeugnisse und Baumaterial.

Der geringe Personenverkehr erfolgte in Begleitwagen der Güterzüge. Wegen der Spitzkehren verkehrten ab Lady Grey nur verkürzte Züge mit einer maximalen Zuglänge von 180 Metern. Ausschlaggebend war die Länge der 8. Spitzkehre. Eine Verlängerung wurde durch die angrenzende Felswand verhindert.

In ihren letzten Jahren sah die Linie etliche Sonderzüge von Touristen und – natürlich – von Dampflokfreunden. Die Züge fuhren normalerweise bis Lady Grey mit zwei Lokomotiven und wurden dort geteilt. Jeweils mit einer Maschine ging es dann im Blockabstand weiter. 2001 folgte die Stilllegung, auch Aliwal North wird mittlerweile nicht mehr von Zügen angefahren.

Km	Bahnhof	Reverse	Höhe ü.NN.
0	Aliwal North		1355 m
40	Beerley		
64	Lady Grey		1631 m
80	Melk/First Reverse	1. Spitzkehre	1728 m
82	Second Reverse	2. Spitzkehre	
83	Third Reverse	3. Spitzkehre	
84	Fourth Reverse	4. Spitzkehre	1635 m
86	Fifth Reverse	5. Spitzkehre	
87	Sixth Reverse	6. Spitzkehre	
96	Motkop		
103	Drizzly		1990 m
107	Ulrie		
128	New England		1830 m
	Seventh Reverse	7. Spitzkehre	
	Eighth Reverse	8. Spitzkehre	
146	Tierkrans		1662 m
157	Barkly East		1814 m

ZEITZEUGEN BERICHTEN:

In der Zeitschrift für südafrikanische Eisenbahnfreunde SA Rail erschien im Juni 1977 ein Artikel mit dem Titel »*The Phantom Passenger and the Porcupine*« (Der Phantom-Reisende und das Stachelschwein) von Dick Whittington:

»Eine gelegentliche Betrachtung von Karten wird kein Hinweis auf die sehr interessanten Merkmale auf der Eisenbahnlinie zwischen Aliwal North und Barkly East geben. Die Strecke, die heute eine Attraktion für Enthusiasten aus Übersee ist, wurde 1902 nach Lady Grey fertiggestellt. Über die höchste Stelle mit 1990 Metern bei Drizzly erreichte die Strecke erst 1925 Barkly East.

In der Nähe des Anschlussgleises Melk, 53 km von Barkly East entfernt, waren eine Hochbrücke und ein Tunnel geplant, um die Schlucht des Karnmelk Spruit zu überqueren. Der Tunnel wurde bereits 1911 fertiggestellt. Leider ging die Stahlkonstruktion der Brücke verloren, als das Schiff, das sie aus Großbritannien brachte, sank. In der Zwischenzeit ermöglichte eine Behelfsstrecke mit einer Reihe von Umkehrstationen der Eisenbahn, im Zickzack zu einer niedrigen Überquerung des Karnmelk Spruit zu fahren – und wieder hinauf am Ostufer.

Zwischen New England, das 1913 erreicht wurde, und Barkly East durchquert der Zug zwei weitere Umkehrstationen. Auf der 156 km langen Fahrt von Aliwal North kehrt der Zug nicht weniger als acht Mal die Richtung um.«

Im November 2001 schrieb der Eisenbahnfreund an gleicher Stelle: »*Ich habe im Mai 2001 eine Fahrt auf dieser Strecke hinter einer 19D-Dampflokomotive gemacht, die fantastisch war. Wir haben nur die Spitzkehren 1 bis 6 befahren, nicht 7 und 8. Es sieht so aus, als ob diese Linie jetzt leider endgültig geschlossen ist, schade, sie ist so spektakulär.*« Es war vermutlich die letzte Fahrt auf der Strecke.

PORT ELIZABETH

Das Depot Sydenham in Port Elizabeth war vermutlich in den 1980er-Jahre das Depot mit den meisten Dampflok-einsätzen. Es wurden von hier aus nicht nur alle Rangier-bahnhöfe in der Region beschickt und versorgt, auch zahlreiche Nebenstrecken wurden noch mit Dampfloks bedient. Selbst auf einigen elektrifizierten Streckenab-

► Morgen- und Abendlicht in Dampflokdepots produzieren stets eine höchst fotogene Stimmung, verstärkt durch den Abdampf der Maschinen. Im Juli 1981 waren im betriebsamen Sydenham-Depot etliche »Momente für die Ewigkeit« zu erleben.

▼ Der S-Bahnverkehr in P.E. war 1981 noch fest in Händen der 19D. Außerdem ist eine gewisse Lässigkeit des Personals zu beobachten.

schnitten waren sie noch im Einsatz, wenn der nächste Teil der fahrplanmäßigen Strecke wieder ohne Oberleitung war (s.a. Karte auf S. 12/13). Das mehrfache Umspannen wurde wohl als zu personalintensiv und kostenträchtig angesehen. Auch kehrten die Loks so regelmäßig in ihr Heimat-Bw zurück für die nötigen Wartungsarbeiten.

Der dritte Arbeitsplatz war bis Ende 1981 der S-Bahn-Verkehr. Im Jahr darauf folgte dessen Verdieselung.

Nochmals Impressionen aus Port Elizabeth 1981:
► Auch ein aktiver Dampfkran war im Einsatz.
▼ Eine weitere Stimmungsaufnahme aus Sydenham im letzten Tageslicht
(***rechte Seite***:) ▲ Ein weitere Beleg des S-Bahn-Verkehrs wie vor 50 Jahren, inklusive Tausend-Türen-Wagen und ▼ eine letzte Depotszene, auch hier wieder der riesige Kohlenbansen im Hintergrund

DIE 610 mm-SCHMALSPURSTRECKEN

Es gab in den 1980er-Jahren noch einige, von einander getrennt betriebene Strecke mit 610 mm Spurweite. Sie lagen überwiegend in Natal bis auf die »Apple-Express«-Strecke, die von Port Elizabeth ausging.

Überblick

Bereits 1982 wurde Escourt – Weenen und Umlaas Road – Mid Illove stillgelegt. Am 30. Juni 1986 kam es zur Schließung der Linie Ixopo – Donnybrook, die Strecke Port Shepstone – Harding folgte genau drei Monate später.

Die Lokomotiven NGG13 (1'C1')(1'C1'), geliefert von Hanomag ab 1927 in einer Stückzahl von 11 Maschinen und NGG 16 (1'C1')(1'C1'), geliefert von Cockerill, BP und Hunslet Taylor ab 1936 in einer Stückzahl von 34 Loks, wurden abgestellt bzw. teilweise ins Ausland verkauft.

STAND 1980:
Escourt – Weenen
Umlaas Road – Mid Illovo
Umzinto – Ixopo – Donnybrook
Port Shepstone – Harding
Port Elizabeth – Patensie bzw. Avontuur

◀ 1981 waren noch schwere Güterzüge auf der Apple-Express-Strecke an der Tagesordnung.

Übrig blieben danach nur noch die Apple-Express-Strecke, die mit sporadischen Einsätzen bis heute überlebt hat und der Nachfolger der SAR-Strecke Port Shepstone – Harding, die 1986 neu gegründete private Alfred County Railway (ACR)

▲ Die in »Apfelgrün« lackierte NG15 124 wird im Juli 1997 für den nächsten Abschnitt mit Wasser versorgt.

Apple-Express

Die letzte Schmalspurstrecke der SAR war damit die Strecke Port Elizabeth – Patensie in dem Langkloof genannten langgestreckten Tal parallel zur Küstenlinie. Die meisten der im Depot Humewood stationierten Loks der Reihe NG15 (1'D1', insgesamt 21 Maschinen geliefert von Henschel und Franco Belge in der Jahren 1931 und 1957) waren abgestellt oder fristeten ab Ende der 1980er-Jahre auch schon weitgehend ein Reservedasein. Zwei Maschinen wurden für den sogenannten Apple Express in den entsprechenden Farben Grün und Rot herausgeputzt.

Während der Fruchternte stieg das Frachtaufkommen, dann flackerte noch mal ein Betriebsumfang auf, der an alte Zeiten erinnerte. Einsatzstellen waren dann neben Port Elizabeth auch noch Avontuur und Loerie. (*Näheres dazu ist bei der Baureihenbeschreibung der NG15 und NGG16 zu finden, ab S. 167.*)

▼ Ein gut beladener Güterzug wartet im Juli 1981 auf die Weiterfahrt zum Hafen in Port Elizabeth in Jeffreys.

Alfred County Railway, ACR

1986 übernahm die Alfred County Railway, ACR, die Strecke Port Shepstone – Harding, eine abgewirtschaftete 610-mm Schmalspurbahn. Hundert Kilometer südwestlich von Durban liegt ihr Ausgangspunkt am Indischen Ozean. Die 111 km bis nach Harding gingen bald wieder in Betrieb.

Das 1981 aus der South African Raiilways and Harbours-hervorgegangene Unternehmen war nur noch ein Bestattungsunternehmen für 65 unwirtschaftliche Nebenstrecken in der Kaprepublik. Kunden waren abgewandert, das Rollmaterial unwirtschaftlich, jahrzehntelang hatte man im Nebel des Dampfbetriebes den Wandel der Verhältnisse in den Bürostuben verschlafen.

Ein Teil der Unwirtschaftlichkeit hat seine Ursache im Schmalspurbetrieb, denn je kleiner die Spurweite einer Eisenbahn ist, desto ungünstiger entwickelt sich das Verhältnis zwischen dem Eigengewicht der Wagen und der zu befördernden Nutzlast. So konnten die NGG-16 Maschinen von Harding nach Port Shepstone, also beladen und zur Küste hinab, eine Gesamtlast von 230 t befördern. Rechnet man das Eigengewicht der Waggons heraus, so blieb nur noch die Hälfte, also 115 t Nutzlast. Im praktischen Betrieb sah es noch schlechter aus: Die Züge waren durchschnittlich mit nur 76 t ausgelastet.

An Triebfahrzeugen standen NGG-16 Garratts mit der Achsfolge (1'C1')(1'C1') zur Verfügung. Die Maschinen haben sich bewährt, so dass sie über einen Zeitraum von 40 Jahren weitgehend unverändert von Beyer-Peacock be-

▼ 1991 lief die ACR Port Shepstone – Harding unter privater Verwaltung noch im positiven Bereich. Holz war das Haupttransportgut. Der Zug mit einer NGG16 ist auf dem Weg zum Hafen, der nach außen verstellbare Sitz verschafft Kühlung.

schafft wurden. Die letzten acht Exemplare verließen erst 1968 südafrikanische Werkstätten. Der Lizenzgeber befand sich zu dieser Zeit bereits in der Liquidation, so dass ein Unternehmen vor Ort die Fertigung übernehmen musste.

In Anlehnung an den Red Devil von Wardale wurden zwei Loks umgebaut. 1988 leitete Phil Girdlestone den Umbau der Nummer 141. Eine weitere Maschine, Nummer 155, folgte im Januar 1991. Die Feuerbüchsen erhielten das sogenannte Gasproducer-Verbrennungssystem. Dafür war ein dickes, dampfgekühltes Feuerbett erforderlich, welches das zu verbrennende Gas produzierte. Die flüchtigen Bestandteile verbrannten im sogenannten »Überfeuer«, das durch düsenförmige Röhren mit Luft gespeist wurde. Für das Gasproducer-System war eine kräftigere Saugzuganlage nötig. Das alte Blasrohr ersetzte man durch vier separate Röhren, welche den Auspuff in ein gemeinsames, größeres Blasrohr leiten. Um die beträchtliche Steigerung an Verbrennungsluft wirtschaftlich abzuleiten, musste außerdem ein größerer Schornstein aufgesetzt werden. Nur ausgewählte Lokomotivpersonale durften diese Maschinen bedienen.

Wie die anderen 610 mm-Bahnen zwischen der ehemaligen Transkei und dem Stammesgebiet der Zulus, Kwa Zulu, diente auch diese Bahn dem Holztransport. Seit Jahrzehnten ist kein natürlicher Waldbestand mehr vorhanden. Stattdessen überziehen weite, ökologisch umstrittene Eukalyptusplantagen das Land. Das extrem durstige, aus Australien eingeführte Stammholz lässt sich nach bereits wenigen Jahren einschlagen, es wird als Bauholz oder zur Papierherstellung verwendet.

Es fehlte nicht an Kreativität, um sich den unterschiedlichsten Bedingungen anzupassen. So experimentierte die Bahn mit Wechselbühnen, die sich von ACR-Waggons auf die kapspurigen Staatsbahnwagen schieben ließen. Bis zu 30 Schmalspurgüterwagen konnten in Port Shepstone per Rampe auf den kapspurigen Waggons mit Schmalspurgleisen auffahren. Auch für Containerverkehr wurden Waggons umgerüstet.

Unterkapitalisierung war das größte Problem der jungen Alfred County Railway. Eine Jahrtausend-Flut hatte die Strecke 1987 an vielen Stellen unterspült. 1991 stieg die nationale Eisenbahngesellschaft Spoornet mit 28% der Anteile ein,was aber auch keine dauerhafte Rettung brachte.

Um Touristen auf die Bahn zu bringen, wurde am 4. Dezember 1987 der »Banana-Express« eingeführt. In den ersten Weihnachtsferien beförderte er 10.800 Passagiere. In den Folgejahren gab es sogar viertägige Steamsafaris über die Gesamtstrecke. (***Textvorlage: Wolfgang CLÖSSNER † vom AUGUST 1991***) Mittlerweile ruht auch hier schon lange der Betrieb.

▼ Voll ist voll, mehr Wasser passt nicht in den Tender.

▲ 1989 war im Rahmen einer Steamsafari auch eine eigens umbeheimatete NGG16 auf der Apple-Express-Strecke im Einsatz.

Die NGG13 59, hier bei einem Zwischenstopp auf der Strecke Escourt – Weenen wurde im Folgejahr der Aufnahme (1982) abgestellt und die Strecke geschlossen.

▲ Eine weitere Aufnahme von dem noch regen Verkehr im Juli 1981 auf der Apple-Express-Strecke

Erkennbar einen Steamsafari-Einsatz hatten im August 1989 die apfelrote NG15 mit einer NGG16 an zweiter Stelle bei dem Fotohalt auf der größten Brücke der Strecke, dem Van-Stadens-Viadukt.

▲ Ebenfalls im Juli 1981 war dieser Leerzug talaufwärts in Richtung Port Elizabeth in Humansdorp unterwegs.

▼ Im Juli 1984 rangierte die NGG16 126 in Harding.

▲Am vierten Jahrestag der ACR-Gründung passieren die NG15-146 und die NGG16-156 die Ortschaft Izotsa. *(Foto: A.E. Durrant, Sml. Koch)*

▼ Ein Blick in das Depot in Port Shepstone zeigt im August 1984 zwei auf den nächsten Einsatz wartende NGG16.

▲ Ein weiterer Holzzug der ACR auf dem Weg zum Hafen Port Stepstone, Juli 1984

▼ Die Ladungen wurden im Regelfall talwärts befördert auf der Apple-Express-Strecke, hier der nächste Leerzug bergauf, Juli 1981.

1984 lief der Betrieb Port Shepstone – Harding noch unter SAR-Führung, der Güterzug Richtung Hafen ist etwa auf der Mitte der Strecke.

▲ Im Juli 1991 gab es noch reichlich Ladungen, jetzt für die ACR, hier ein Zug bei Inzilgoweni.

DIE STEAMSAFARIS

Über die »Institution« der Steamsafari würde ja bereits in den vorigen Kapiteln einiges erwähnt und mit Bildern belegt. Hier soll jetzt ein kleiner, vor allem fotografischer Querschnitt über die Jahre bis 1999 gegeben werden.

Die damaligen Reisen waren von Anfang an eher auf die an Landschaft, Leute und Kultur interessierten Touristen gerichtet. Bahnaffin sollten sie schon sein, da ja im Zug geschlafen und gegessen wurde, meistens mit ein paar Ausnahmen bei Ausflügen abseits der Schienen, wie z.B. in Wildreservate.

▼ 1991 führte eine erwähnenswerte Steamsafari zunächst in den Osttransvaal auf Strecken, die seit etlichen Jahren nicht mehr eine Dampflok gesehen hatte. Die Bevölkerung, wie hier an der Strecke Kaapmuiden – Barberton, nahm es irritiert, aber durchaus mit wohlwollendem Interesse zur Kenntnis.

Gefahren wurde anfangs mit den normalen SAR-Reisezugwaggons, die in ihren Abmaßen etwa europäischen Normalspurwagen entsprachen. Die zur Nacht vom Personal gebauten Betten waren einigermaßen komfortabel. Oft wurden über Nacht längere Stillstandzeiten eingeplant, die dann auf abgeschlossenem, bewachtem Bahngelände stattfanden und dem geruhsamen Schlaf förderlich waren.

Später wurden dann zwei alte ehemalige »Blue Train«-Garnituren renoviert, die unter der Bezeichnung »Vintage-Train« liefen und deutlich komfortabler waren.

Besichtigungen und Ausflüge wurden vereinzelt eingebaut, so in der Weinregion o.ä. Inwieweit sich die Fotomöglichkeiten, vor allem bezüglich der Scheinanfahrten für die Teilnehmer im Lauf der Jahre verbesserten, ist mir nicht bekannt. Ich muss gestehen, dass ich nach den Anfangserfahrungen mehr auf Zugverfolgung und »Highlight-Picking« bezüglich der Strecken und eingesetzten Loks setzte und meine Reisen entsprechend so plante, dass ich jeweils die interessantesten Teile mitnehmen konnte.

▼ Die Steamsafari 1987 sah auch eine GMAM-Garratt im Einsatz. Erwähnenswert war die neu aufgearbeitete »Vintage«-Garnitur.

▲ Im Juli 1987 war die 16E 858 »Betty« Star des Steamsafari-Sonderzugs und gleich auf mehreren Streckenabschnitten im Einsatz. Gut erkennbar ist die m.W. damals erstmalig eingesetzte historische Wagengarnitur, ein Genuss für die Reisenden wie für die Fotografen. Lediglich der mitgeführte Wasserwagen hinter der Lok war vermutlich nicht authentisch. ▼

▲ Die Steamsafari 1991 im Osttransvaal sah neben der GF-Garratt auch zwei 19D im Einsatz, hier eine von ihnen bei Graskop.

▼ Ein Steamsafari-Sonderzug (19D, GMAM) überquerte die Gourits-River-Brücke auf dem Weg in Richtung Kapstadt. (Juli 1999)

▲ Die 1991er Veranstaltung begann im Osttransvaal. Hier ist die neu aufgearbeitete GF-Garratt »Cathy« als Vorspann vor einer 19D im Einsatz. Gefahren wurde mit zwei Garnituren, neben der »Vintage«-Garnitur war teilweise auch ein normaler Personenzug eingesetzt, so auf der unteren Aufnahme, nur mit GF bespannt, zu sehen.

▲ Die 1991-Osttransvall-Tour ist beendet, für die weitere Reise geht es zunächst auf der Hauptstrecke von Waterval Boven in Richtung Johannesburg. Eingesetzt sind zwei 19D mit den beiden unterschiedliche Torpedotender-Varianten.
▼ Ein landschaftlicher Höhepunkt – mittlerweile auch leider schon stillgelegt – war auf der 1987er-Tour die Toorwaterschlucht. Da sie nur per Zug erreichbar war, wurde das für die Autoverfolger eine lange, aber lohnende Wanderung.

▲ Im März 1980 sollte die GMAM 4070 den ersten Steamsafari-Sonderzug über den Montagu-Pass bringen. Der Tag zuvor war als Ruhetag ausgewiesen, es standen eine Straußenfarm und die »Cango Caves«, ein sehenswertes Höhlensystem, auf dem Programm. Unsere Kleinstreisegruppe hatte gute Informationen und somit Anderes vor: Die GMAM sollte am Vortag mit einem Güterzug von George kommen! Auch die Fahrzeiten hatten wir von unseren südafrikanischen Freunden bekommen. Also organisierten wir einen Mietwagen (nicht ganz einfach damals, aber machbar), der an den Bahnhof geliefert wurde, fuhren nach George und schon mal vorab an die Kaaimansriverbridge für den Planbetrieb. Auf dem Rückweg »jagten« wir die Garratt. Letzter Fotohalt auf der Einfahrt-Straßenbrücke in Oudtshoorn, wo wir freudig von unseren Mitreisenden begrüßt wurden mit der Neuigkeit, gleich käme die Garratt für morgen mit einem Güterzug ... Das obige Foto war zuvor kurz unterhalb der Passhöhe entstanden.

Die Strecken und eingesetzte Maschinen waren oft vom Feinsten und vor allem Südafrika-Neulingen kamen sicherlich auf ihre Kosten.

Eine Anekdote aus dem Jahr 1991, wieder einmal als »Jäger« einer Steamsafari unterwegs, sagt einiges über die damalige Sicherheit und Mentalität der Bevölkerung, mehr als manche offizielle Lage-Beschreibungen von außen.

Ich konnte wegen der spät beginnenden Schulferien leider erst zum 3. Tag der Sonderzugfahrt anreisen und musste direkt in den Osttransvaal, wollte ich nicht allzuviel des landschaftlich hervorragenden Programms und die angekündigte neu aufgearbeitete GF-Garratt verpassen. Also Morgens Ankunft am Jan-Smuts-Airport, nicht sonderlich ausgeschlafen, Mietwagen übernommen und los.

In einem Städtchen unterwegs fiel mir ein, dass südafrikanisches Bargeld keine dumme Idee wäre, also parkte ich im vor der nächsten Bank. Mein Gepäck inklusive der damals schon reichlichen Fotoausrüstung lag auf der Rückbank, wie am Flughafen reingeworfen. Ich wechselte und kam wieder aus dem Gebäude ... und neben meinem Wagen stand – ziemlich aufgeregt – ein älteres schwarzes Mütterchen und wartete offenbar auf mich.

▲ Auch zu dieser Aufnahme am Montagu-Pass aus dem Jahr 1987 gibt es eine nette Geschichte: Das Wetter war – wie zu schon – etwas sehr grenzwertig, Wolken, Nebel, einsetzende Dämmerung und kaum 20 m Sichtweite. Kurz bevor der Zug kam, störte einen Schweizer Mitstreiter offenbar ein im Bild abgestelltes Auto eines anderen Fotografen, was ersteren zu dem empörten, sehr lautstarke Ausruf veranlasste: »*Hallo, parkieren Sie das weiße (!!) Auto außerhalb des Bildes!*« Lautes Gelächter war die Folge, zumal der Zug schon deutlich zu hören war.

Auf meinen fragenden Blick meinte sie, ich habe meinen Wagen nicht abgeschlossen, das sei nicht gut, es gäbe leider, leider auch hier schlechte Menschen. Aber sie habe gut aufgepasst, bis ich wieder da war. Ich war zugegeben ziemlich verblüfft, was sich noch steigerte, als sie – fast beleidigt – eine kleine Gutmachung für die Wartezeit erbost ablehnte, mir aber dennoch sehr charmant und nett einen guten Tag und eine weitere gute Reise wünschte.

◀ Noch einmal der Star der 1991er-Tour, die GF »Cathy« 2401, welche immerhin auch heute noch bei der Transnet Heritage Foundation – konserviert hinterstellt – erhalten ist.

Kohle, Gold und Platin

▲ Eine NBL-Tenderlok der Freegold Mine in Welcom bringt einen Zug mit Goldklumpen – naja, o.k, noch in viel Gestein verpackt, aber immerhin – zur Aufbereitungsanlage. Hier wird mit starken Säuren alles Gestein gelöst, übrig bleibt das reine Gold.

Dampflokeinsätze bei den Industriebahnen

Die Industriebahnen im südlichen Afrika hatten eine deutlich höhere Anziehungskraft auf Dampflokfreunde als vergleichbare Betriebe in Europa: Die Netze waren häufig weitläufig, teilweise mit einem regelrechten Streckenverkehr über etliche Kilometer zwischen den einzelnen Minen, Abbaugebieten und Verarbeitungsanlagen. Zudem waren viele der Bahnen Heimat alter, bei den Staatsbahnen bereits ausgemusterter Dampflokomotiven.

Die DIN A 4-Broschüre »*Industrial Steam Locomotives of South Afrika*« der »*Preservation Group der Railway Society of S.A.*« listet im Jahr 1984 insgesamt 84 Industriebahnen mit Dampflokbetrieb auf, manche mit mehr als einem Dutzend Dampflokomotiven im täglichen Einsatz. Bei einigen anderen Unternehmen standen die Loks nur noch auf Abruf im Reservedienst.

Die interessantesten Systeme in der Endphase (1980 – ca. 1995) des südafrikanischen Dampflokzeitalters werden nachfolgend mit dem damaligen Maschinenbestand, ihren Eigenarten und der Lage kurz vorgestellt.

Die meisten Loks stammten aus dem Bestand der südafrikanischen Eisenbahnen (South African Railways, SAR), ihre Baureihenbezeichnungen und Nummern wurden meistens beibehalten. Dazu kamen Lokomotiven, die nicht von den SAR stammten. Diese nachfolgend mit

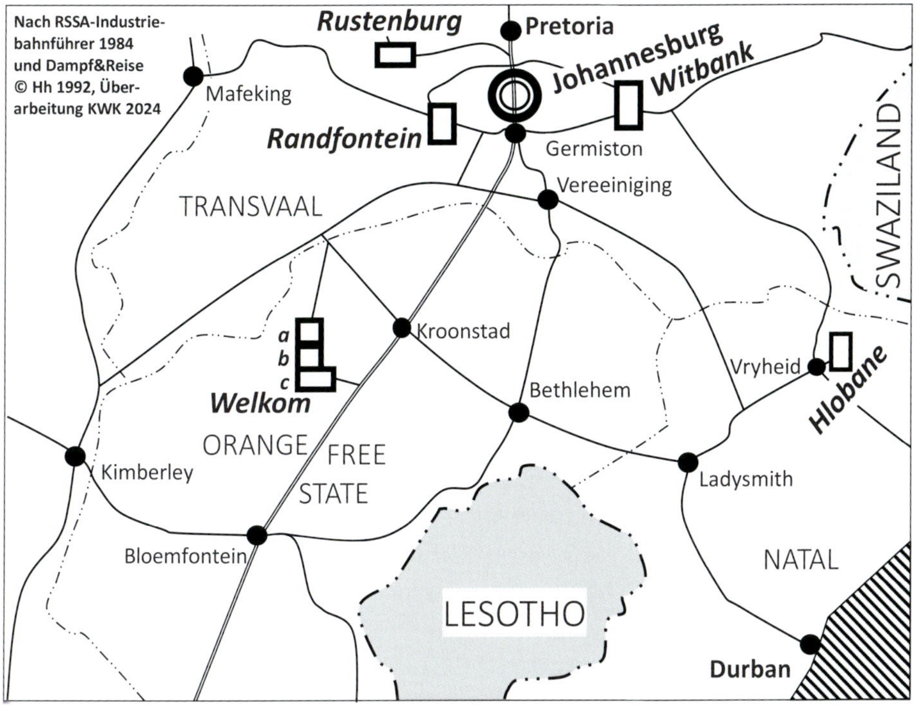

Hinweis: Alle Karten/Skizzen in diesem Kapitel beziehen sich auf den jeweiligen historischen Stand.

»NBL« bezeichneten Industrieloks der »*North British Locomotive Co Ltd.*« wurden direkt an Industriebahnen geliefert.

Randfontein Estate Gold Mining - REGM

Die mittlerweile zur weltweit aktiven Sibanye-Stillwater-Gruppe gehörende *Randfontein Estate Gold Mining* (REGM) ist heute Teil eines multinationalen Bergbau- und Metallverarbeitungskonzerns. Eine englischsprachige Fachzeitschrift hatte dieses System als »*the world busiest steam-railway system of the southern hemisphere*« beschrieben – und damit die Sache auf den Punkt gebracht.

Stellte man sich ab 7.00 Uhr (Schichtwechsel) an eine der Strecken zu den einzelnen Förderschächten und wartete – dann kamen die Garratts im Viertelstundenabstand! Eine Garratt, Baureihe GMAM mit zwölf beladenen Erzwaggons mit ca. 70 km/h die Steigung zwischen »Cooke I« und »Cooke Plant« zu sehen und zu hören, war ein Erlebnis, das schon eine Südafrikareise lohnte. Damit ist ein weiterer Superlativ bereits genannt: Eingesetzt wurden hauptsächlich noch Garratts der ex SAR-Baureihe GMAM. 1991 hatte die REGM immerhin 14 Lokomotiven dieser letzten südafrikanischen Kapspur-Garrattbaureihe in ihren Diensten. Dazu kamen noch eine 15BR (Nr. 1990) und mindestens eine NBL-Industrielok sowie eine 19D.

◄ Kleinere Wartungsarbeiten an einer GMAM der REGM bei einem Zwischenstopp.

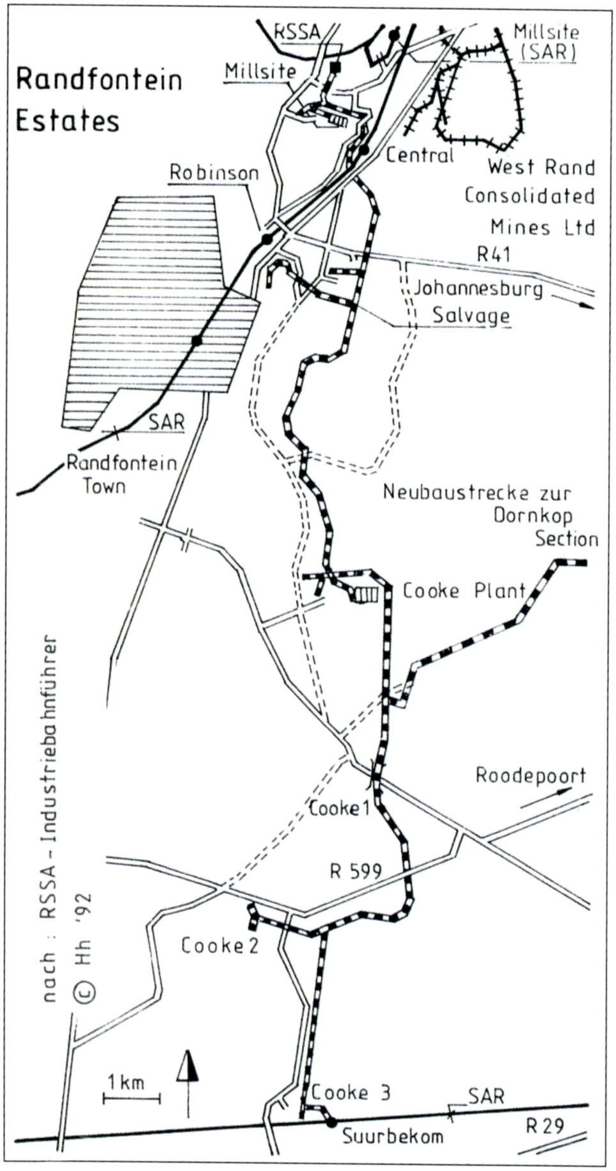

Die seit 1889 fördernde REGM ist die älteste registrierte Goldmine im sogenannten »Reef«, dem Industrierevier um Johannesburg. Das Hauptfördergebiet liegt ca. 35 km westlich von der Johannesburger Innenstadt. Die Förderung lief nicht immer kontinuierlich, so drohte 1970 die Stilllegung. Erst der in den 1970er-Jahren steigende Goldpreis belebte die Abbauaktivitäten wieder. Seit 1973 hat sich die Mine zu einem der größten Goldförderer Südafrikas entwickelt. Die ursprünglichen Förderschächte wurden 1982 endgültig geschlossen, parallel dazu aber einige neue eröffnet. Das hatte eine Reihe von Streckenverlegungen und -neubauten zur Folge.

Das ursprüngliche Depot in der »Millsite Plant« diente in den 1990er-Jahren nur noch als Außenstelle und Reparaturwerkstätte, da es zu abgelegen war. Das neue Betriebswerk liegt bei der »Cooke Plant«, der Hauptverarbeitungsstelle, etwa in der Mitte des Netzes. Die Strecken haben SAR-Hauptstreckenstandard mit Lichtsignalen. Die Strecke zwischen »Salvage« und »Cooke Plant« weist starke Steigungen in Richtung Norden auf. Hinter »Cooke Plant« verzweigt sich das Netz, um die einzelnen Fördergruben anzuschließen.

▶ Eine der urigsten Industriebahnen des Kontinents, die »West Rand Consolidated Mines ltd.« mit 610 mm Spurweite und Altbau-Elloks der Einfachstklasse lag in der direkten Nachbarschaft der REGM und war ein »netter Beifang«.

In Suurbekom besteht ein Anschluss an das SAR-Netz. Von Montag bis Samstag waren fünf Garratts unterwegs. Die übliche Last bestand aus zwölf Waggons, das ergab ein Zuggewicht von 1000 t. Rangierlok war normalerweise die R 7. Die Maschinen waren blau-schwarz oder maroon mit goldenen Zierstreifen lackiert. In sauberem Zustand – und dafür wurde meistens gesorgt – sind sie eine Augenweide!

Nahegelegene Attraktionen wie das SAR-Museumsdepot Krugersdorp-Millsite, das Museumsgelände der südafrikanischen Eisenbahnfreunde (RSSA), ebenfalls in Millsite und eine der urigsten Industriebahnen des Kontinents, die »*West Rand Consolidated Mines ltd.*« mit 610 mm Spurweite und Altbau-Elloks der Einfachstklasse bereicherten einen interessanten Aufenthalt von mehreren Tagen.

Rustenburg Platinium Mines ltd.

Geht es in Randfontein um Gold, so wird in Rustenburg, wie der Name der Mine schon sagt, mit Platin ein weiteres

▲ Die R 7, eine ex-SAR-Lok der BR 19D, wird in der Außenstelle auf den täglichen Rangierdienst vorbereitet. Juli 1981

Edelmetall gefördert und transportiert. Die Rustenburg Platinum Mines Limited, heute eine hundertprozentige Tochtergesellschaft von Anglo American Platinum Limited (RPM) war schon im Platin-Abbau tätig, als das Metall – vor der Entwicklung der Autokatalysatoren – ein eher unbedeutendes Edelmetall war. Unter diesem Begriff verstand man in den 1980er-Jahren Gold und Silber, die anderen spielten höchstens in der Technik wie z.B. in der Organischen Chemie als Katalysator für Hydratisierungs-Prozesse (*Reaktion mit Wasserstoff*) oder bei Legierungen mit Gold, Iridium, Kupfer und etlichen weiteren Metallen eine Rolle.

Bis in die späten 1960er-Jahre wurden die Transporte mittels sehenswerter Dampflokomotiven auf dem damaligen 610 mm-Netz bewältigt. Ab etwa 1975 wurde das ursprünglich auch schon vorhandene Kapspur-Netz auf

▲ Die bei klarem Wetter untergehende Sonne überstrahlt alles, auch die bergauf fahrende GMAM der Randfontein Estates, als sie bei Cooke 1 die Autobahn kreuzt.

▼ R 14, eine der GMAM-Garratts der REGM, ist mit ihrem Zug mit Gold-haltigem Gestein auf dem Weg zur Verarbeitung.

▲ Lok 771 (eine NBL Lok mit der Achsfolge 2'C1' ex SAR 10CR, Baujahr 1910) rangierte 1981 in der Lorraine Gold Mining Co Ltd. in Welcom.

▼ Lok 1 der Freegold Mine bringt Holz als Baumaterial zur Abstützung der Gänge in die Minen.

über 30 km ausgebaut. Drei der letzten (ebenfalls vorhandenen) Schmalspurdieselloks wurden übrigens an die Alfred County Railway verkauft.

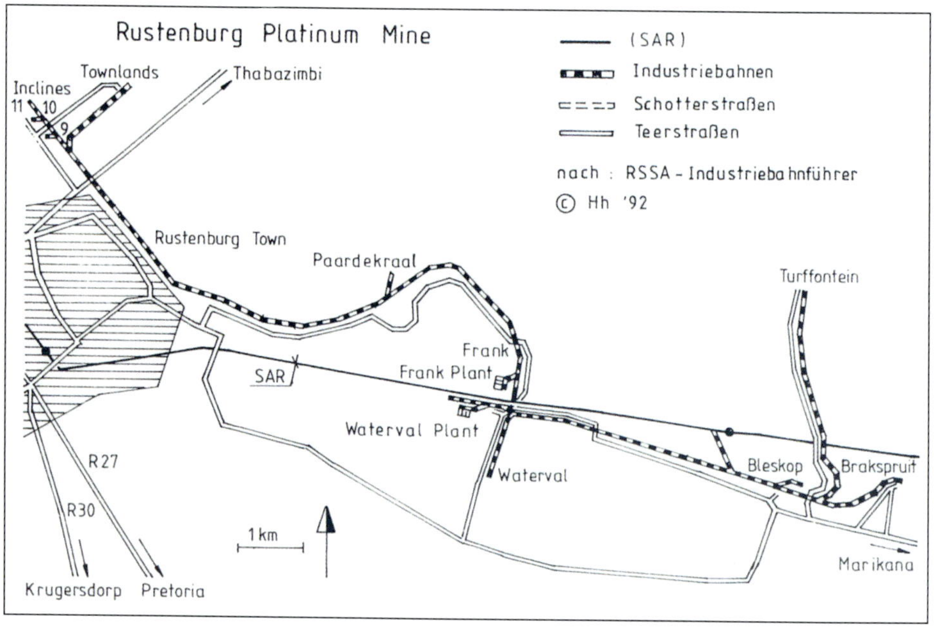

Der Betriebsmittelpunkt war Waterval, wo sich auch das Depot befand. Die Hauptstrecke verläuft von hier ostwärts zum »Bleskop Shaft« und zum »Brakspruit Shaft« (14 km). Zwischen diesen zweigt eine Strecke (3 km) nach Norden ab, die den »Turffontein Shaft« bedient. In Richtung Süden besteht eine weitere Linie (2 km) zur »Klipfontein Reduction Plant«. Hier befand sich die Werkstätte und das noch existierende Schmal-

▼ Die 15CA der Rustenburg Platinium zieht ihren beladenen Zug mit dem wertvollen Metallrohstoff eine der Steigungen in Richtung Waterval herauf.

spurdepot mit zwei verbliebenen, eingemotteten Loks. Beim »Bleskop Shaft« besteht eine Verbindung zum SAR-Netz.

Der nördliche Teil des Netzes wird durch Unterquerung der SAR-Strecke direkt hinter der »Waterval Plant« erreicht. Hier liegen der »Frank Shaft« (direkt auf der anderen Seite der SAR-Strecke), der »Paardekraal-Shaft« und die insgesamt vier »Townsland Shafts«. An Werktagen einschließlich Samstag waren fünf bis sechs Dampflokomotiven im Einsatz.

Eine pendelte auf den wenigen hundert Metern zwischen »Frank Shaft« und »Frank Reduction Plant«, eine weitere zwischen Erakspruit und Waterval sowie zwei bis drei Maschinen auf der Townsland- Strecke. Mit den beladenen Zügen verkehrten die Loks häufig Tender voraus, wobei sie mit zehn bis elf Waggons immerhin noch 50 bis 60 km/ h erreichten. Die Lokomotiven wiesen keine besondere Lackierung auf, auch die gekauften Loks hatten häufig noch die komplette Beschilderung aus SAR-Zeiten.

Anzahl	Baureihe	Anmerkung
2	14R	
3	15CB	
7 oder 8	15CA	von der SAR geliehen
unbekannt	15F	von der SAR geliehen
(Stand 1991)		

Welkom

Welkom war Ende der 1980er-Jahren einer der Brennpunkte in der Auseinandersetzung zwischen schwarzen Minenarbeitern und rechtsradikalen, gewalttätigen Weißen gewesen. Die Industrieregion um Welkom, wo sich eine Vielzahl von Goldminen befindet, bot dem Eisenbahnfreund aber auch ein interessantes Szenario an Werksbahnen. Leider wurden Ende der 1980er-Jahre etliche Bahnen auf Dieseltraktion umgestellt, so dass 1991, von Reservemaschinen abgesehen, nur noch die folgenden drei Bahnen Dampfloks einsetzten:

LORAINE GOLD MINE

Streng genommen liegt die noch weitgehend unabhängig geführte Mine (Anglo Transvaal Consolidated Investment Company Ltd. verfügt über eine Minderheitsbeteiligung) nicht in Welkom, sondern in Allanrigde, etwa 30 km nördlich von Welkom. Parallel zur Nationalstraße R 30 und zur SAR wurde über einen 8 km langen Anschluss die Zeche 3 bedient sowie etwa in der Mitte der Strecke die Übergabe zur und von der SAR durchgeführt. In der Nähe der Übergabe-Querverbindung

Anzahl	Baureihe	SAR-Nr.
2	NBL-Standard	
1	10CR	771
1	19B	1409
3	19D	
(Stand 1991)		

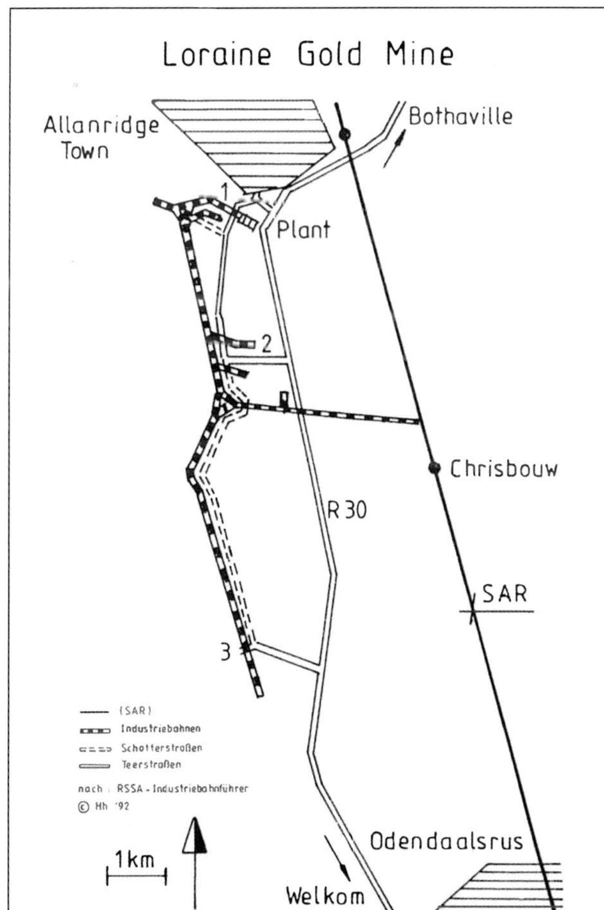

▲ Der Loraine NBL-Standard-Industrie-Tenderlok sieht man ihr geringes Alter, ca. 30 Jahre, an. Sie wartet auf ihre nächsten Aufgaben.

▼Circa 20 Jahre älter ist die 19B 1409 der Loraine. Die Baureihe war der Vorläufer mit geringer Stückzahl, aus der die Erfolgsbaureihe 19 D entwickelt wurde.

liegt die Zeche 2, während die Zeche 1 und die Verarbeitungsanlagen beim Depot am Nordende des Systems untergebracht sind. Eine ungeteerte Straße folgte der Strecke, ein Befahren war damals für Betriebsfremde ohne Probleme möglich. Der Betrieb sah von Montag bis Samstag den Einsatz von zwei Maschinen vor.

FREE STATE CONSOLIDATED GOLD MINES LTD.)

Die »Freegold« (so die Lok-Beschriftung) war in 1990er-Jahren die größte Goldmine der Welt. Im Jahr 1988 wurden hier aus 31 Mio. t Gestein 128 t Gold gewonnen. Im Raum Welkom umfasste das Unternehmen damals sechs Minen. Für den Dampflokfreund war das System von der »Freddies Shaft 5« über die »Free State Geduld« zur »Western Holding« besonders interessant.

Hier lagen zwischen den einzelnen Teilen landschaftlich reizvollen Streckenabschnitte mit Waldstücken, außerdem wurden neben den üblichen Abraumzügen auch häufig Holztransporte gefahren. Das Holz dient in den unterirdischen Gängen der Minen zum Abstützen.

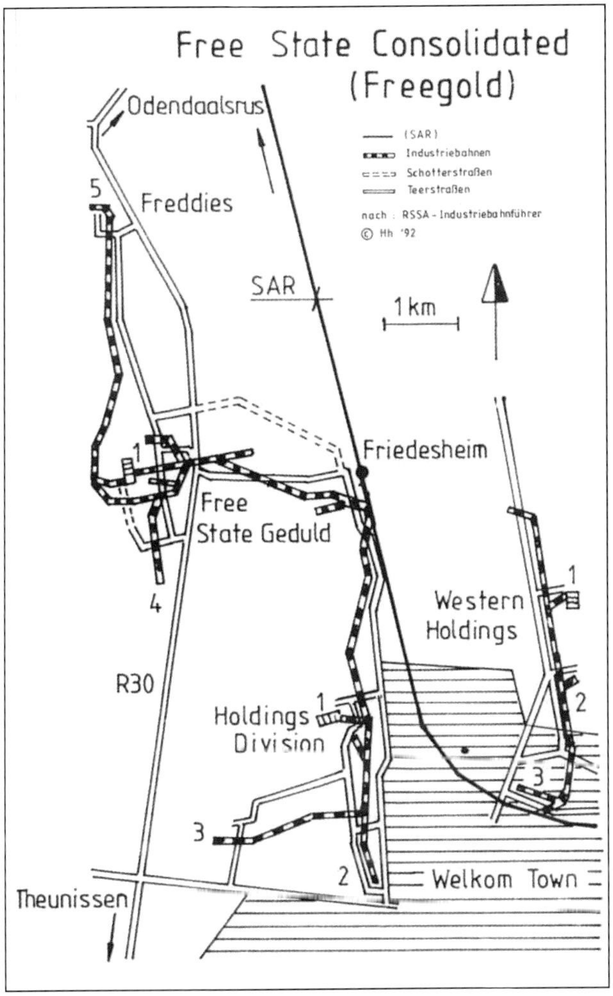

Ein weiterer Höhepunkt der Bahn waren die herrlich rot lackierten Tenderlokomotiven mit der Achsfolge 2'D1't. Sie wurden Anfang der 1990er-Jahre abgestellt und durch von der SAR angemietete 15 F ersetzt. Aber auch die restlichen »Freegold«- Loks befanden sich mit äußerst fotogenen Lackierungen normalerweise in bestem Pflegezustand.

Anzahl	Baureihe	Anmerkung ex SAR-Nr.
2	NBL-Standard	ab 1990 abgestellt
1	10CR	771, NBL
4	11	944, 926, 932, 918 1
3	BR	1487
unbekannt	15F	ab ca. 1990
3	19B	1407, 1409, 1411
1	19BR	1410
(Stand 1984)		

Meistens waren von Montag bis Samstag fünf Lokomotiven im Einsatz. Lokschuppen und Werkstatt befanden sich innerhalb des »Free State Geduld«-Geländes, das jedoch damals ohne Einschränkungen – heute kaum vorstellbar – frei zugänglich war.

▼ Hatten die Tenderloks der Freegold Mine ihren Reiz wegen der Seltenheit in Südafrika, so wurden die Einsätze der Schlepptenderloks natürlich ebenfalls gern gesehen, hier die Lok 9.

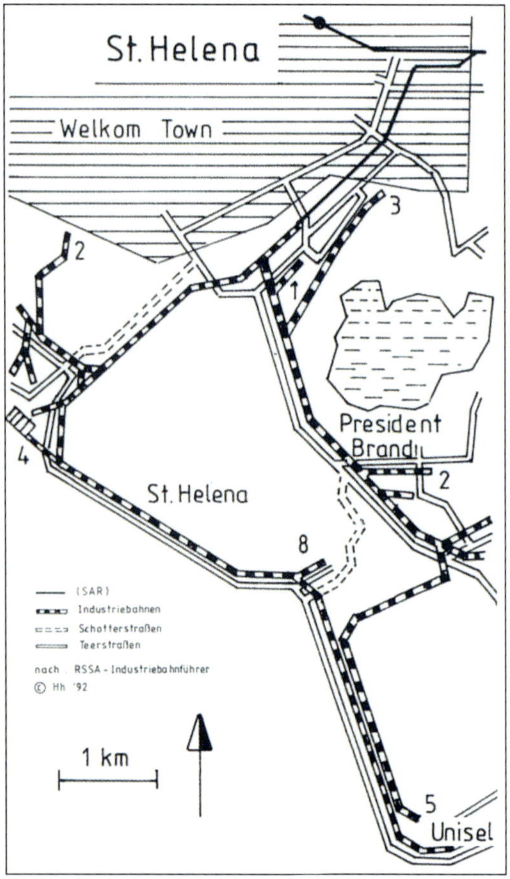

(***Bild oben rechts***) Die Nr. 7 der President Brand Gold Mine war 1989 noch im Einsatz, eine der letzten aktiven Loks der SAR-Baureihe 11, ehemals Nr. 918.
► Ebenfalls 1989 zeigt sich hier eine der Schlepptenderloks der Freegold Mining beim Rangieren.

ST. HELENA GOLD MINING LTD. PRESIDENT BRAND GOLD MINING CO, LTD.

Diese Minen im Süden von Welkom wurde vor allem durch die letzten ex SAR-Baureihe 16CR (St. Helena) bzw. ex SAR-Baureihe 11 Maschinen (President Brand) ausgezeichnet, die hier im Dienst standen.

Am Nordende des Teilnetzes liegen verschiedene Zechen, die Verarbeitungsanlage, das Betriebswerk und die Werkstatt. Auf halbem Weg zur »Unisel«-Mine liegt nochmals ein Förderanschluss. Es bestand eine Übergabeverbindung zur SAR und zur (ab ca. 1990 verdieselten) östlich von St. Helena liegenden »President Brand Mine« des Freegold-Konzerns vom Nordende aus. Werktags waren immer mehrere Dampfloks, häufig allerdings oft Tender voraus, im Einsatz.

Anzahl	Baureihe	ex SAR-Nr.	Mine
7	16CR	821, 819, 838, 839, 815, 817, 818	St. H.
1	14R	1918	St. H.
4	11	16263, 16255, 16269, 16275	Pr. Br.

Witbank

Im Transvaal liegt das Kohlerevier um Witbank. Witbank steht als Pseudonym für die gesamte Industrieregion, ca. 70 km östlich von Johannesburg gelegen.

Wie Welkom umfasst dieses Gebiet eine Vielzahl von Minen, von denen einige auch in den 1990er-Jahren noch Dampflokomotiven einsetzen. Im Jahr 1991 waren es im Wesentlichen (von Norden nach Süden aufgelistet) die folgenden Unternehmen:

TWEEFONTEIN COLLIERY

Diese Mine liegt 18 km südwestlich von Witbank bei dem Ort Minaar, wo auch der Anschluss zur SAR besteht. Die Übergabezüge wurden normalerweise mittels GMAM-Doppeltraktion befördert. Mit 25 Waggons und 2500 t Zuggewicht verlangten sie den beiden Garratts alles ab.

Anzahl	Baureihe	ex SAR-Nr.
7	GMAM	4168, 4125, 4113, 4108, 4105, 4148, 4074

Die einzelnen Übergabeleistungen wurden in Minaar direkt zu 10.000-t-Blockzügen für den Export via Richards Bay zusammengestellt.

WITBANK CONSOLIDATED COLLIERY, SAAIWATER

Das etwa 30 km südlich von Witbank gelegene Saaiwater ist eines der bekanntesten Minenstädtchen in Südafrika. 1990 gab es noch drei Zechenbahnen mit Dampflokeinsatz.

Bei der Witbank Consolidated Colliery wurde die Kohle über knapp einen Kilometer zur SAR befördert, dafür stand von Montag bis Samstag eine der folgenden Lokomotiven zur Verfügung.

Anzahl	Baureihe	ex SAR-Nr.
1	12R	1515
1	15CB	2067
1	baugleich 12 A	NBL

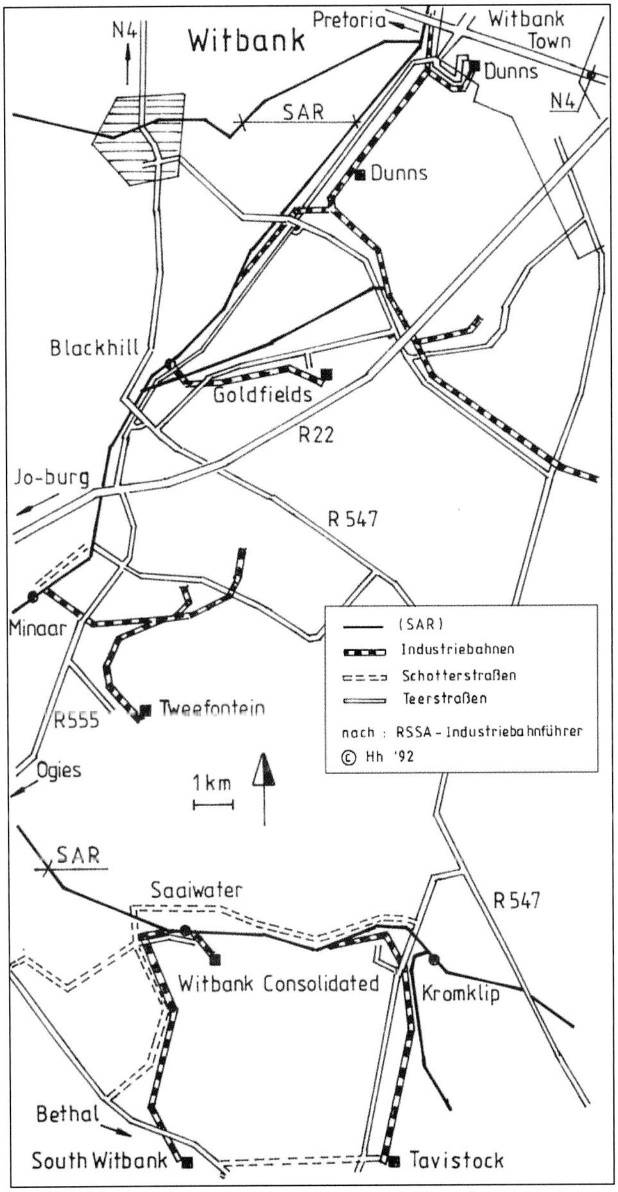

TAVISTOCK COLLIERY, SAAIWALER

Ebenfalls ca. 30 km südlich von Witbank gelegen, bediente diese Minenbahn die 6 km lange Übergabestrecke zur SAR östlich von Saaiwater. Normalerweise war eine der Dampflokomotiven werktäglich im Einsatz.

Anzahl	Baureihe	ex SAR-Nr.
3	15CB	2064, 2066, 2068

Hlobane

Im Bundesstaat Natal war das zu befördernde Produkt die heimische Kohle, welche das lange Überleben der Dampfloks überhaupt erst möglich machte. Schwerpunkt war das Revier um die Stadt Vryheid. Unter dem Oberbegriff »Hlobane« wird das Kohlerevier östlich von Vryheid zusammengefasst.

ENYATI

Mit dem (wenn auch gestellten) Titelbild des südafrikanischen Bildbandes »The Great Steam Trek« aus den frühen 1980er-Jahren, auf dem eine Dreifachtraktion von GF-Garratts den Berg hinaufdonnert, steht die Enyati als Begriff für die südafrikanische Industriebahn schlechthin.

Dieses selbst heutigen hohen Ansprüchen an Druckqualität gerecht werdende und inhaltlich hervorragende Buch, das auch in Europa vertrieben wurde, war der Auslöser für eine Reisewelle von Eisenbahnfreunden ins südliche Afrika.

Ihren Zenit hat die Enyati 1990 jedoch schon lange überschritten. Ihren Reiz bezog sie zuvor sowohl durch die Umgebung (eine herr-

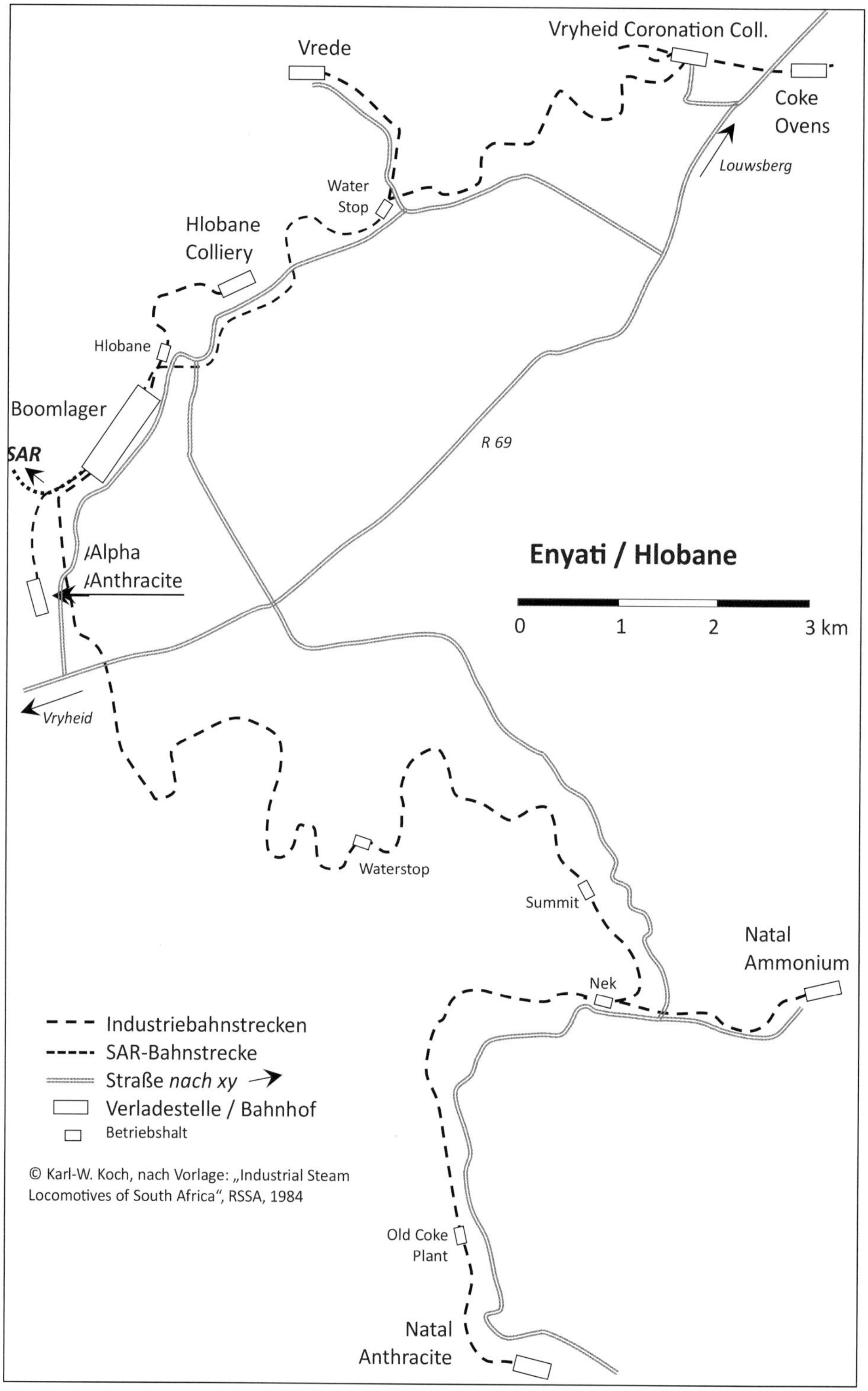

liche reich bewaldete Mittelgebirgslandschaft mit starken Steigungen) als auch durch die eingesetzten Maschinen, z.B. Garratts der ex SAR-Baureihen GEA und GF und je einer Lok der Baureihen 1 und 14.

Anzahl	**Baureihe**	**ex SAR-Nr.** (Stand 1984)
10	GF	div.
2	GEA	4020, 4027
2	1 und 1A	1268, 1291
Anzahl	**Baureihe**	**ex SAR-Nr.** (Stand 1990)
1	GF	2425
1	19B	1402
1	25NC	3508
2	GMAM	4083, 4088

In den späten Jahren des Dampflokeinsatzes hatte man den Genuss, eine 25NC im Einsatz zu sehen. Eine Besonderheit war, dass alle eingesetzten Loks mit Dieselmotoren für die Druckluftkompressoren der Bremsen ausgerüstet waren. Seit 1988 wurden von den Loks auch die Übergabeleistungen für die benachbarte Vryheid Coronation Mine durchgeführt.

VRYHEID CORONATION COLLIERY

Der eigentliche Minenbetrieb der Vryheid CC beschränkte sich hier auf etwa drei Kilometer von der Mitte der 10 km langen Übergabeverbindung zur SAR nach Vrede und zwei kurze Stichstrecken am Ende der Strecke zur eigentlichen Coronation-Zeche bzw. zu den »Cooke Ovens« (Kokereibetrieben).

Anzahl	**Baureihe**	**Anmerkung**
2	NBL-Standard	2'D1't
2	NBL-Standard	2'D2't
2	GEA	4023, 4031
(Stand 1984)		

Hier waren die Tenderloks im Einsatz, zumeist drei Maschinen täglich. Die GEA und die GF fuhren die vakuumgebremsten Übergabezüge. Die Loks waren teilweise grün lackiert mit gelben Zierstreifen.

UMGALA COLLIERY, UTRECHT

Die Zeche liegt 70 km nordwestlich von Vryheid. Es bestand eine 7 km lange, mit starken Steigungen durchsetzte Strecke zum SAR-Übergabebahnhof in Utrecht:

Anzahl (Stand 1990)	**Baureihe**	**ex SAR-Nr.**
1	16DA	ex SAR-Nr. 844
1	19A	ex SAR-Nr. 691
1	3BR	ex SAR-Nr. 1484
1	12R	ex SAR-Nr. 1510

Die 12R mit der betriebsinternen Nummer 7 war im März 1992 als letzte 12R auf südafrikanischem Boden noch im Einsatz. Dabei wurde interessanterweise die – eigentlich unter SAR-Betriebsführung stehende – Übergabestrecke von der Zeche bis Utrecht Bahnhof bedient.

▲ Eine der GF-Garratts der Enyati wartet in Boomlager auf den nächsten Einsatz.

▲ Die NBL-Standard Nr. 3 (2'D1't) der Vryheid Coronation hat ihren Zug abgeliefert und rangiert zur wohlverdienten Pause mit Ergänzung der Wasser- und Kohlevorräte.

▼ Eine der GF der Enyati hat 1981 Boomlager verlassen und kämpft sich jetzt die Steigung zum Summit hoch.

Die Daten der wichtigsten bei den Industriebahnen eingesetzten Baureihen:

Baureihe	**Achsfolge**	**Treibrad-Ø mm**	**Länge m**	**Baujahr**	**Hersteller**	**Masse t**	**Zylinder mm x mm**
GEA	(2'D1')(1'D2')	1219	25,9	1946	Beyer Peacock	187	4: 470 x 660
GF	(2'C1')(1'C2')	1372	23,5	1927 - 1928	Hanomag, H	148	4: 406 x 660
GMAM	(2'D1')(1'D2')	1372	28,6	1953 - 1958	H, BP, NBL	195	4: 521 x 660
NBL-Standard	2'D	?	1904	NBL	?	?	
NBL-Standard	2'D1't	?	?	1946 - 1951	NBL	?	?
10CR	2'C1'	1448	18,0	1910	NBL	124	2: 457 x 660
14R	2'D1'	1219	19,9	1913 - 1915	RS, BP	142	2: 559 x 660
15BR	2'D1'	1448	21,5	1918 - 1920	MLW	145	2: 559 x 711
15CB	2'D1'	1524	22,3	1925	Baldwin	177	2: 610 x 711
15F	2'D1'	1524	22,4	1938 - 1947	BP, NBL, H, BM	185	2: 610 x 711
16DA	2'C1'	1524	20,8	1930	Henschel&Sohn	163	2: 584 x 660
16CR	2'C1'	1524	20,5	1919 - 1921	NBL	151	2: 559 x 660
19A	2'D1'	1372	20,5	1930	Schwartzkopff	133	2: 533 x 660
19B	2'D1'	1372	20,5	1930	BMAG	133	2: 533 x 660
19D	2'D1'	1372	26,3	1937 - 1949	Krupp, Borsig, Škoda, RS, NBL	156	2: 533 x 660

(**Hersteller**: BMAG = Berliner Maschinenbau-Actien-Gesellschaft vormals L. Schwartzkopff, BP = Beyer Peacock, H = Henschel&Sohn, MLW = Montreal Locomotive Works, NBL = North British Locomotive Co., RS = Robert Stephenson)

▲ Im Depot Minaar der Tweefontein Collery war im Juli 1981 Hochbetrieb, allein drei GMAM warteten hier auf die nächsten Einsätze.

PLANDAMPF KIMBERLEY – DE AAR

1991 – Das Ende einer Legende

▲ Die »Sonnenuntergang am Modderriver«-Aufnahme klappte auch im Rahmen des Plandampfes mehrfach, hier mit einer nordwärts fahrenden 25NC mit umgebauten Kondenstender.

Ende der Achtziger neigten sich selbst auf der letzten verbliebenen »Hochburg«-Strecke Kimberley – De Aar die Dampflokeinätze dem Ende zu. Die Apartheid war Geschichte, ihre Beseitigung erfreulich unblutig verlaufen, der Boykott also vorbei und die Dieselloks brummten wie allerorts.

Menschen aus der – bis heute noch – sehr rührigen Eisenbahnfreundeszene in Südafrika wie Freunde aus Nah und Fern organisierten zum Abschied 1991 ein Event, dass sich am damals in Deutschland und Europa in Mode gekommenen »Plandampf« orientierte: Man bespannt reguläre Züge mit Dampfloks, erfreut die Fans, lockt Touristen an, bringt zahlende Gäste in die zusätzlich eingesetzten Sonderzüge. Als Jahreszeit wurde – in Kenntnis der Ferienlage auf der nördlichen Halbkugel und wegen des dann optimalen Wetters der dortige Winter (Ende Juli, Anfang August) gewählt. Dann gibt es eine Sonnengarantie, aber morgens und abends die für Dampfeffekte gewünschten niedrigen Temperaturen. Tagsüber herrschen auch zu dieser Jahreszeit in der Karoo 25 °C und mehr. Eingesetzt werden sollten – so das dann auch gehaltene Versprechen – alle betriebsfähigen Schlepptenderloks, inklusive der Museumsmaschinen. Die durchaus noch in größerer Zahl betriebsfähig erhaltenen Garratts auf die Wüstenstrecke zu schicken, wo sie nie gelaufen waren, empfand man aber zu Recht als stillos …

Und alle Welt kam zu diesem letzten großen Spektakel: Bis auf Bluetrain und den Autozug wurde in der Tat wieder alles mit Dampf bespannt. Man sah 12AR, 15F, 15DA, 19D, 24,

25NC und einiges mehr. Die Baureihe 7 bespannte einen Museumszug und die beiden zu diesem Zeitpunkt zeitgleich betriebsfähigen Schnellzug- und Geschwindigkeitsrekord-Loks der Baureihe 16E waren erstmalig seit Jahrzehnten gemeinsam vor einem Zug. Der einzige Schönheitsfehler: Das war ein Güterzug! Warum nicht stattdessen der Passenger bespannt wurde, erschließt sich dem Autor bis heute nicht ... Kenner der Strecke (und der Straßenverhältnisse) beschränkten sich auf schöne Standpunkte und warteten einfach, es kam garantiert demnächst wieder was vorbei, während Nichtkenner bei vermeintlich besonders interessanten Maschinen meinten »Verfolgung« fahren zu müssen.

Die Staubpiste, die auf weiten Teilen der Strecke parallel läuft, erklärte eindrucksvoll, woher »Dusty« Durrant seinen Spitznamen vermutlich hatte. Wer an seinem Standpunkt blieb, hatte einfaches Spiel: Eine heranjagende Staubwolke der Autoverfolger kündigte demonstrativ den nächsten Zug an. Das Hauptziel der Verfolger – die beiden 16E – entzog sich übrigens, wie vorauszusehen, den »Jägern« durch Geschwindigkeit: Den ca. 120 km/h, welche die beiden mit ihrem Kurzgüterzug vorlegten, konnte auf DIESER Piste kaum ein geübter Rallyefahrer folgen.

Es war ein eindrucksvolles, hochgradig gelungenes Eisenbahnereignis der ganz besonderen Art – allen Organisatoren an dieser Stelle noch einmal den herzlichsten Dank dafür – und somit ein würdiger Abschluss des Dampfbetriebes in Südafrika.

▼ Nur noch wenige Kilometer, dann ist das Tagesziel Kimberley für die beiden 16E 857 und 858 erreicht mit dem Kurzgüterzug – einem der wenigen Stilbrüche des Plandampfes. Zehn Minuten später erschien am Horizont die Staubwolke mit den Autoverfolgern.

▲ Die 6J 645 stand wenige Jahre zuvor noch auf einem Denkmalsockel, jetzt war sie wieder betriebsfähig.

▼ 25NC »Inge« war eine der bestgepflegten 25NC und ist hier auf dem Weg nach De Aar.

▲ Leben im Depot Kimberley wie in den alten Tagen: Die meisten der fast immer gut gepflegten 25NC hatten Namen, oft den der Freundin oder Ehefrau. Die Maschinen fuhren fast immer mit fest zugewiesenem Personal.

▼ Der Sonderzug aus Johannesburg zum Plandampf 1991 wurde von zwei 25NC geführt. Gut erkennbar ist der umgebaute Kondenstender der führenden »Pauline«, während die zweite Lok den normalen Kastentender mit sich führt.

DIE FOTOSONDERZÜGE

▲ Die 25NC 3410 im besten »Glint«-Licht bei einer der zahlreichen Scheinanfahrten auf der Strecke Colesburg – Agtertang

Die ersten Steamsafaris hatten wie beschrieben den Schönheitsfehler, dass man zwar wunderbar im Zug reiste und viel vom Land sah, aber es nur wenig organisierte Foto- und Videohalte mit Scheinanfahrten gab.

Nachdem alle, die das interessierte eine oder zwei dieser Fahrten genossen hatten, erlahmte das Interesse. Die Verantwortlichen bei den SAR und die mit ihnen zusammenarbeitenden Freunde aus den Clubs und Vereinen, die selbst Dampfloks unterhielten und Sonderfahrten organisierten, sahen das Defizit und begannen Fahrten eben genau für

▶ Die immer stärker aufkommenden Videokameras mit guter Bildqualität (*mittlerweile lassen sich aus deutlich kleineren Kameras Doppelbuchseiten-Bilder aus Film-Finzelbilder drucken)* waren natürlich auch hier sehr präsent.

SOUTHERN CROSS DRAKENSBERG

TOUR DT 1107/C

The following are the requested detailed timings for the **Southern Cross Drakensberg** tour (Sent to SPOORNET on 18 June) underlined times are most important and we request that they are in the final YQ (SPOORNET Special Train Operating Notice) as far as possible, other times are less critical and can be varied by operating if necessary.

Our comments are in Italics and were not sent to SPOORNET.

Approximate sea-level Sunrise/Sunset Times:

Fouriesburg/Elliot/Barkly East:	***Sunrise: 07.00***	***Sunset: 17.30***
Lootsberg/Springfontein:	***Sunrise: 07.10***	***Sunset: 17.35***
Grahamstown:	***Sunrise: 07.15***	***Sunset: 17.30***
George:	***Sunrise: 07.35***	***Sunset: 17.45***
Cape Town:	***Sunrise: 07.50***	***Sunset: 18.00***

REQUESTED DETAILED TIMINGS

We request that the various MIXED TRAIN consists should be: DZ/B + DZ/B + FZ + DZ/B + GZ + FZ + red/grey suburban/open 3rd (with working and **clean** toilet)

SATURDAY 12th JULY 1997
NB: We request that the train starts at Bloemfontein LOCO SHED (not station)
We request that the Museum locos are in the open at the south end of the shed for photos - 15E, 16DA, 16E, 24, 19D, 25NC from 11.30 onwards (passengers plane lands 11.25).

die Foto- und Videografen anzubieten. Mit zahlreichen gut organisierten Stopps auf freier Strecke der oft nur wenig befahrenen Nebenstrecken wurden bald auch Dampflokfreunde aus aller Welt, aus Europa, den USA und Australien auf diese Fahrten aufmerksam und buchten baldigst selbst den nächsten angebotenen Trip.

Das Geschäftsmodell »Steamsafaris« blühte mit leicht geändertem Ablauf und anderem Publikum wieder auf und brachte Devisen ins Land. Allerdings war es eine wechselhafte Geschichte. Mit stärkerem Aufkommen der Videografie in diesem Segment wurden allerdings manchmal auch die Fotohalte und Scheinfahrten schwieriger. Zum Einen störten auf engen Räumen – manchmal nur ein paar Quadratmeter für mehrere Dutzend Menschen – die Klickgeräusch der Fotoap-

◀ Manche Zaungäste verkürzten die Wartezeit auf die nächste Scheinanfahrt wie diese Spezies »Schwellengrille« (»*cicada liminata*«).

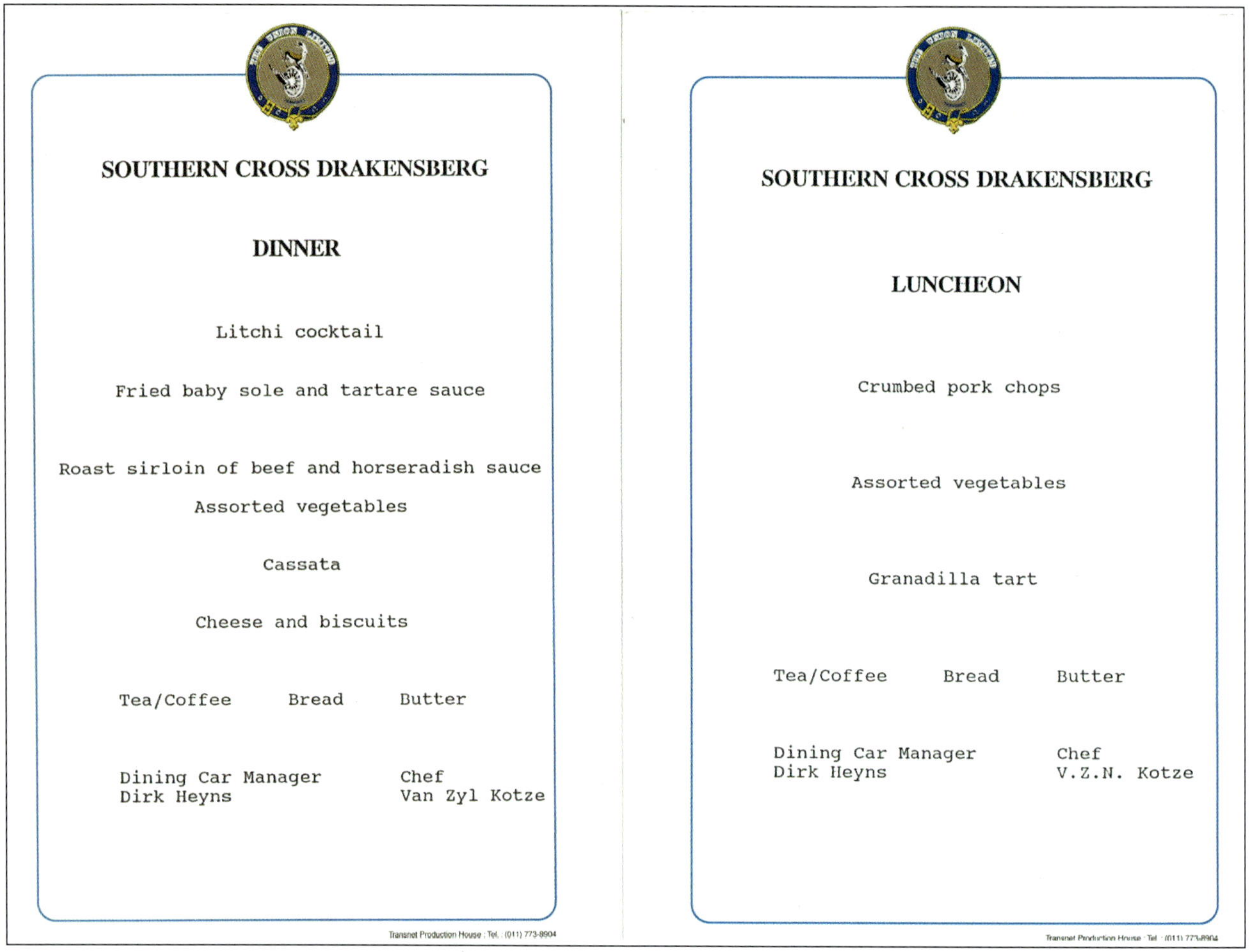

SOUTHERN CROSS DRAKENSBERG

DINNER

Litchi cocktail

Fried baby sole and tartare sauce

Roast sirloin of beef and horseradish sauce

Assorted vegetables

Cassata

Cheese and biscuits

Tea/Coffee Bread Butter

Dining Car Manager
Dirk Heyns

Chef
Van Zyl Kotze

Transnet Production House : Tel. : (011) 773-8904

SOUTHERN CROSS DRAKENSBERG

LUNCHEON

Crumbed pork chops

Assorted vegetables

Granadilla tart

Tea/Coffee Bread Butter

Dining Car Manager
Dirk Heyns

Chef
V.Z.N. Kotze

parate die Tonaufnahmen der Filmer. Zum Anderen konnten die Anfahrten nicht »weit genug hinten« beginnen. *Ein mitten in der Landschaft losfahrender Zug? ... Geht ja gar nicht! Also zurück, husch, husch, hinter die nächste Kurve.* Nur, was tun, wenn da keine Kurve war? Legendär ist der Spruch des englischen Tourleiters 1997, dem auf dem Lootsbergpass bei einer solchen Gelegenheit nach einer richtig tollen Scheinfahrt über bestimmt 2 km bei der prompt folgenden Reklamation ob der »zu kurzen« Scheinanfahrt der Kragen platzte. Was ihn zur Kommentierung veranlasste: »*O.k., o.k., we start the next runpast to Lootsberg in Cape Town!*«

◄ Eine 25NC mit dem Sonderzug auf der Strecke Springfontein – Norvalspont

▲ 1997 bespannte die neu aufgearbeitete GB 2166 den Southern Cross Drakenberg-Sonderzug von Mossel Bay nach Hartenbos.

◀ Die Verpflegung war vom Feinsten, echtes First-Class-Niveau. Aber die Bewegung bei den Fotohalten reichte zum Kalorienverbrennen.

▼ Die 16DA 860 »Big Bertha« auf der letzten Etappe nach Kapstadt. Bei Worcester gab es noch einmal eine sehenswerte Scheinfahrt.

1997 bot ein englischer Veranstalter mit gutem Ruf und der Zusicherung, alle Absprachen seien sicher, eine Tour an mit einer Auswahl der zu befahrenden Strecken vom Feinsten: Sterkstroom – Maclear, Lady Grey – Barkley East, natürlich George – Knysna, Oudtshoorn – George über den Montagu-Pass, Gardenroute, Bethlehem – Bloemfontein, Alicedale – Grahamstown. Das »*Who is who*« der landschaftlich reizvollsten Strecken. Und ein Hauptkriterium für den Autor: Die Tour lag voll in den Sommerferien, was sonst auch leider fast nie klappte. Also buchen und nichts wie hin. Die Ergebnisse waren sensationell, fast alles klappte reibungslos, das Winterwetter passte wie immer: »*Mild and fine, but colder in the early morning*«, wie der Standardwetterbericht zu dieser Jahreszeit für das Hochland lautete.

Allerdings kam es bei den folgenden Touren zu Problemen. Es hält sich hartnäckig das Gerücht, bei einer solchen Tour habe ein südafrikanischer Veranstalter dem Tourorganisator mitten im Ablauf mehr oder weniger die Pistole auf die Brust gesetzt und einen gewaltigen Nachschlag verlangt, andernfalls wäre sein Personal leider, leider nicht mehr in der Lage weiter zu arbeiten. Der europäische Kunde lehnte ab und die Tour wurde nach 2/3 der Strecke abgebrochen. Die Folgen – ob das Gerücht wahr, halbwahr war oder andere Hintergründe hatte – waren verheerend: Der Markt brach ein und hat sich bis heute nicht erholt, obwohl immer noch einige betriebsfähige Dampfloks vorhanden sind.

▼ 15AR 1850, 16DA 876 bei einem Runpast auf der Strecke Fouriesburg – Bethlehem

HIER DAS PROGRAMM 1997 IM EINZELN:

SAMSTAG, 12. JULI 1997: Besuch im Depot Bloemfontein – Fouriesburg, Bloemfontein – Tweespruit (15E 2878), Tweespruit – Fouriesburg (15AR 1850), jeweils Hauptzug

SONNTAG, 13. JULI 1997: Fouriesburg – Bethlehem – Fouriesburg, 15AR 1850, 16DA 876

MONTAG, 14. JULI 1997: Fouriesburg – Slabberts – Fouriesburg – Bloemfontein, Lok: 15AR 1850 + 16DA 876 mit einem »mixed train« (= gemischter Güter-/Personenzug, auf Deutsch: GmP)

DIENSTAG, 15. JULI 1997: Sterkstroom – Elliot, »mixed train«: Sterkstroom mit 19D 3323

MITTWOCH, 16. JULI 1997: Die Passagiere fahren mit dem Bus von Elliot nach Lady Grey mit dem Bus Barkly East, Zug: Lady Grey – Motkop – Barkly East, 2 x 19D mit »mixed train«, dann zurück nach Lady Grey und abends wiederum zurück mit dem Bus zum Hauptzug in Elliott, Nachtfahrt mit Diesel/elektrisch Elliott – Indwe

DONNERSTAG, 17. JULI 1997: Indwe – Sterkstroom Lok: 19D 3323, »mixed train«

FREITAG, 18. JULI 1997: Maclear – Sterkstroom, Lok: 19D 3323, »mixed train«, Sterkstroom – Springfontein: Diesel/ Elektrisch als Nachtzug

SAMSTAG, 19. JULI 1997: Passagiere reisen mit dem Hauptzug 1 (25NC 3410) von Springfontein – Norvalspont oder Passagiere reisen mit einem »mixed Train« (Zug 2, mit 16DA 876) ab Norvalspont – km 69,5, dann nach Colesburg – Agtertang/Driekuil, Zug 2 Colesburg 12.00 – Driekuil 13.05 mit Passagieren. Zug 1 (Hauptzug) fährt um 14.00 Uhr in Colesburg ab – Agtertang um 14.30 Uhr, »mixed train« von Driekuil – Agtertang, Übernachtung im Hauptzug in Middelburg

SONNTAG, 20. JULI 1997: Middelburg – Blouwater   Middelburg, 19D 3323, mixed train

MONTAG, 21. JULI 1997: Alicedale – Grahamstown – Alicedale, Lok: 19D 3323 (Lok evtl. mit Zusatzwassertank), »mixed train«. Passagiertransfer mit dem Bus nach Humansdorp. Der Hauptzug fährt nach 07:00 Uhr von Alicedale ab und fährt über De Aar und Worcester nach George. Die Passagiere übernachten im Hotel, dieses wird mit dem Bus von Alicedale aus erreicht.

DIENSTAG, 22. JULI 1997: Kompaniesdrift – Louterwater – Heights, NG15, »mixed train«. Passagiere reisen von der 610 mm-Strecke in Heights mit dem Bus nach George.

MITTWOCH, 23. JULI 1997: Per Bus nach Knysna, Vormittags: Knysna – George: 24 + 24 mit einem »mixed train« Nachmittags: 2 Züge George – Oudtshoorn (Montagu-Pass), Bespannung mit (Zug 1) 7A + 7BS, Museumszug (Imperial class = Zug 2), 14CRB + GEA mit dem Hauptzug

DONNERSTAG, 24. JULI 1997: Oudtshoorn – Camfer – Oudtshoorn, 7A + 7A, Museumszug (Imperial class)

FREITAG, 25. JULI 1997: Mossel Bay – Hartenbos: GB 2166,, Hartenbos – George: 14CRB 1882, beides »mixed trains«

Nachmittag: George – Camfer – George, GEA, »mixed train«, Weiterfahrt mit Diesel ab George nach Ashton

SAMSTAG, 26. JULI 1997: Ashton – Worcester – Kapstadt, Ashton – Worcester (16DA 860, »Big Bertha«), Worcester - Kapstadt (15F)

Montagu-Pass wie er früher einmal war: Die GEA-Garratt ▲ zieht ihren Güterzug aus dem rauchgeschwängerten, letzten Tunnel kurz vor dem Scheiteltunnel, während das Pärchen der 7B ▼ mit ihrem imperialen Zug »nur« die Landschaft, von Oudtshoorn her kommend und Richtung Pass und George fahrend, einräuchern.

▲ 19D 3323 passiert mit ihrem »mixed train« die Fotografenschar bei einer Scheinanfahrt auf der Strecke Sterkstroon – Maclear.

▼ Wenig stilecht (zu viele Personenwagen) dampft die »Granny Smith«-grünlackierte NG15 mit dem Sonderzug auf der Apple-Express-Strecke

Zwei weitere Bilder der 19D 3323 mit einem »mixed train« auf der Strecke Sterkstroom – Maclear

Zweimal die Loks 15AR 1850 + 16DA 876 mit ihrem Zug auf der Strecke Slabberts – Fouriesburg – Bloemfontein.

Liste der 1997 (theoretisch) einsetzbaren Dampflokomotiven

DEPOT (EIGENTÜMER)	BR	NR.	KESSELFRIST
Kimb.-Beaconsfield	6J	645	
(Spoornet;	26	3450	04/94 Red Devil
Heritage	**25NC**	**3454**	**03/98**
Foundation)	25NC*	3501	06/97
	24	3654	06/96
Kimb.-Beaconsfield	25NC	3441	04/96
(Steamnet 2000)	25NC	3457	01/95
	25NC	3467	04/97
	25NC	3482	06/96
Bethlehem	25N0	3431	11/95
(B. Steam Rwy.)	25NC	3496	01/96
	25NC	3536	09/96
Bloemfontein	**16E**	**857**	**02/99**
(Spoornet;	**16DA**	**876**	**10/99**
Heritage	**15AR**	**1850**	**05/98**
Foundation)	19D	2698	05/97
	15E	2878	02/97
	23	3300	03/94
	19D	3323	08/97
	25NC	3410	03/96
	24	3688	08/01
Job.-Braamfontein	25NC	3404	05/97
(Braamf. Club)	25NC	3476	03/97
Capital Park	19D	2650	12/90
Friends of the Rail	15F	3094	07/96
	24	3664	
Dal Josafat	**16D**	**860**	**03/99**
(Spoornet;	16DA	879	12/97
Heritage	**15A**	**1970**	**04/99**
Foundation)	15CA	2054	09/94
	GF	**2401**	**06/98**
	GO	**2575**	**08/98**
	19D*	2649	02/97
	15F*	2916	09/96
	15F	**3040**	**10/05**
	15F	**3153**	**04/01**

DEPOT (EIGENTÜMER)	BR	NR.	KESSELFRIST
Dal Josafat Forts.	15F	3156	06/97
	19D	**3321**	**04/05**
	19D*	**3322**	**10/01**
	19D*	**3334**	**05/06**
	25NC	3407	07/97
	25NC*	**3417**	**09/05**
	25NC	**3422**	**02/98**
	GMA*	4070	07/94
Germiston	12AR	1 535	04/97
(Reefsteamers)	15F	3016	08/97
	15F	**3046**	**05/06**
	25NC	3472	11/96
Hilton	H2	314	ABGELAUFEN
(Natal Railway	19AR	696	
Museum)	GF	2380	ABGELAUFEN
	19D	2506	
	19D	2669	
Humewood Road	**NGG.11**	**54**	**07/98**
(Apple Express	NG15	117	09/93
Society)	NG15	119	03/96
	NG15	**124**	**03/98**
	NGG.16	131	04/94
	NG15	**145**	**09/98**
Krugersdorp	**15F**	**2914**	**04/05**
(Millsite Club)			
Midmar	NGG16	113	
Midmar Steam	NGG16	153	
Railway			
Pinetown	12R	1505	02/92
Umgeni Steam	19D	2637	
Railway	25NC	3440	04/96
Port Shepstone	NG15	19	keine
Alfred County	NGG16	137	Aussage
Railway	NGG16	150	zur Betriebs-
	NGG16	152	fähigkeit

DEPOT (EIGENTÜMER)	BR	NR.	KESSELFRIST
Voorbaai	NZASM	Kessler	
(Spoornet;	B	61	
Heritage	**RR.14A**	**508**	**03/99**
Foundation)	**RR.16A**	**615**	**03/99**
	14CRB	**1882**	**05/98**
	7A	**1007**	**11/00**
	7BS	**1056**	**11/02**
	19C	**2439**	**03/98**
	19D	**2683**	**11/01**
	19D	2749	10/97
	19D	2753	08/97
	19D	**3324**	**02/99**
	24	3606	03/96
	24	3632	12/97
	24	3635	05/97
	24	**3660**	**02/98**
	24	3668	07/93
	24	**3675**	**06/00**
	24	**3683**	**02/98**
	24	**3693**	**03/06**
	S2	**3706**	**06/00**

DEPOT (EIGENTÜMER)	BR	NR.	KESSELRIST
Voorbaai Forts.	**GB**	**2166**	**03/00**
	GL	**2351**	**12/98**
	GEA	**4023**	**04/05**
	GMA	4072	05/96
	GMA	**4122**	**07/99**
Waterval Boven	B	41	
Oosterlijn	15F	2909	12/96
Steam Club	15F	2985	05/98

Zeichenerklärung: * ... *ölgefeuert*
fett ... *betriebsfähig*

In Südafrika waren außer bei den Industrie- und Privatbahnen (ACR ist z.B. nicht vollständig erfasst) knapp 40 Loks einsatzfähig. Voorbaai, das außer Museumsloks die Maschinen für den »musealen Alltagsbetrieb« in George - Knysna vorhielt, schnitt mit Abstand am besten ab. Beängstigend war außer der geringen Zahl die Tatsache, dass z.B. der Red Devil seit 1994 abgestellt war und die Kondenslok 25 3511, ein Meilenstein der südafrikanischen Eisenbahngeschichte, überhaupt nicht mehr geführt wurde.

◄ Die beiden Loks der Baureihen 7 (genauer: 7A und 7BS), die in diesem Jahren den »Southern Cross Drakensberg« über den Montagu-Pass gezogen hatten, gehörten vermutlich zu den ältesten betriebsfähigen Loks in Südafrika.

Touren 2019 bis 2024

Bereits auf meiner ersten Reise in das südliche Afrika nach Simbabwe bewunderte ich neben der Landschaft und den Lokomotiven auch das spezielle afrikanische Licht, das besonders am Morgen und am Abend wirkt. Es stand für mich fest, dass ich hier wieder hin musste.

Im Juni 2019 führte FarRail eine Reise in die Kap-Region durch, bei der viele verschiedene südafrikanische Lokomotiven zum Einsatz kommen sollten. Eine letzte ähnlich vorher durchgeführte Fahrt datiert in das Jahr 2007 und wurde von David Rogers organisiert. Daher nutzte ich die jetzige Gelegenheit sehr gern.

FarRail arbeitete auf dieser Tour mit der Ceres Rail Company zusammen. Es wurden vier verschiedene Lokomotiven aus vier Baureihen eingesetzt.

Im Einzelnen handelte es sich um die 1930 von der Berliner Maschinenbau AG in Wildau gefertigte 19B 1412, eine Mountain mit der Achsfolge 2'D1h2, die 1948 von der North British Locomotive Company in Glasgow gebaute 19D 3322 mit Ölfeuerung und einem Torpedo-Tender der Bauart Vanderbilt. Weiterhin sahen wir die ebenfalls von der North British hergestellte 24 3655, die ebenfalls einen, wenn auch kürzeren Vanderbilt-Tender hat und als Höhepunkt den Red Devil, der 1981 bei den Silver River Workshops aus der 25NC 3450 zur 26 3450 nach den Plänen von David Wardale umgebaut wurde. David Wardale hoffte mit diesem Umbau, durch den die Leistung der Lok auf ca. 4.500 PS gesteigert werden konnte und sowohl der Kohleverbrauch (um 35%), als auch der Wasserverbrauch (um 27%) erheblich gesenkt wurde, das Ende der Dampftraktion in Südafrika hinauszögern zu können. Der Umbau kam jedoch dafür zu spät.

Im Juli 2018 ging der Red Devil wieder in Betrieb. Er ist mindestens genauso faszinierend, wie die 18 201 der Deutschen Reichsbahn und ebenso ein Einzelstück. Leider gab es außer dem Einsatz auf dieser FarRail Tour neben einigen Touristenzügen um Kapstadt keine nennenswerten Einsätze mehr und mittlerweile ist die 26er in Kapstadt abgestellt.

Auf unserer Fahrt zeigte Lokführer Cassey Carstens aber, was in der Lok steckt und ließ den Teufel tanzen. Das erste Mal konnten wir das auf der Zuführung der Lok von Kapstadt erleben. Auch wenn die Fotos davon nicht gelungen waren, so war es doch ein fast unbeschreibliches Erlebnis. Zwei Tage später war dann der Tag des Roten Teufels. Mit einem Güterzug ging es ab Worcester durch das Weingebiet von Robertson nach Ashton und zurück. Auch wenn für den Tag Regen angekündigt war (der aber erst am Sonnabend eintraf), gab es heute die Motive, die die guten Fotos fast von allein entstehen ließen. Und an jeder Fotostelle war es wieder da, das besondere Erlebnis, den Sound zu hören und den Dampf aus zwei Schornsteinen zu sehen.

◄ Zwischen Kalbaskraal und Malmesbury ist die 19D 3322 mit dem Tafelberg im Hintergrund zu sehen. (20. Juni 2022)

(Fotos S. 130 bis 136: Thomas Franke)

Während der Mittagspause durfte man auch auf den Führerstand und alle waren begeistert von der Vorstellung dieser riesigen Lokomotive – auf einer Spurweite kaum breiter als die der Harzquerbahn.

An den anderen Tagen fuhren die restlichen Lokomotiven mit unterschiedlichen Zügen mal einzeln und auch mal mit Vorspann die Klawer-Linie von Kapstadt über Malmesbury, De Hoek bis Paleisheuwel.

Die Ceres-Linie von Wolseley nach Prince Alfred Hamlet führt an Demeter vorbei, wo die Ceres Rail Company eine Niederlassung hat. Auf dieser Linie verbrachten wir einen Tag mit 19B 1412 und überquerten dabei den Mittchel's-Pass.

Die letzten beiden Tage erlebten wir mit beiden 19ern und fuhren bis Swellendam und zurück. Auf Grund des Ausfalls von Signalen kamen wir viel zu spät und vor allen Dingen mit fast leeren Öl- und Kohlevorräten nach Demeter zurück. Eine erfolgreiche Tour ging zu Ende und machte Lust auf Mehr.

Obwohl viel geplant war, bestimmte Corona zwei Jahre das Geschehen. Erst 2022 fand sich eine kleine Gruppe von deutschen Dampflokfreunden um Stefan Lohr zusammen und plante eine Woche in Creighton und Umgeni, um mit einer GMAM (Garratt) und einer 19D Fotozüge zu fahren. Ein Unwetter im Natal machte diese Planung zunichte. Als Ersatz boten südafrikanische Eisenbahnfreunde uns eine gemeinsame Tour mit den alten Bekannten 19B 1412 und 19D 3322, inzwischen ohne den Vanderbilt-Tender, auf der Klawer-Linie nach Malmesbury und auf der Ceres-Linie an. Die Freude darauf war groß und so fuhren wir im Juni 2022 wieder los.

Dabei entstanden schöne Aufnahmen in der über Prince Alfred Hamlet aufgehenden Sonne oder mit dem Tafelberg im Hintergrund. Und so ganz nebenbei ist eine Tour mit guten Freunden in eine Weinregion auch ohne Eisenbahn sehr schön. Alles hat gut funktioniert und so wurde ganz selbstverständlich auch wieder in die Zukunft geplant.

Für den Juni 2023 hatte Bernd Seiler mit FarRail viel vor und plante wieder eine große Tour mit zwei großen Lokomotiven 25NC. Weil wir auch immer noch unser Rendezvous mit der GMAM offen hatten, blieben wir nur ein paar Tage zwischen Kimberley, Bloemfontein und Douglas. Der Cadillac 25 NC 3437 mit seinem ehemaligen Kondenstender war schon sehr beeindruckend, aber leider durfte er nur mit Dieselvorspann verkehren, der erst an der Fotostelle abgekuppelt wurde. In Südafrika hat man wohl der eigenen Lok nicht getraut. Trotz allem entstanden auch hier wieder wunderbare Fotos.

Der Einsatz der GMAM für unsere kleine Gruppe zerschlug sich leider wieder und so verbrachten wir mit der 24 3655 und der 19D 3322 erneut ein paar schöne Tage am Kap. Wie im vorigen Jahr wurden wir in Kapstadt mit dem Dampfzug vom Hotel abgeholt und um Ashton gelangen Aufnahmen in Sonnenaufgängen, die das besondere afrikanische Licht bestätigten.

Parallel konnte ich Kontakte machen, die für die Auszubildenden meiner Firma das am weitesten entfernte Auslandspraktikum der Havelländischen Eisenbahn möglich machten. So fuhr ich dann mit vier Auszubildenden im Mai 2024 nach Robertson zur New Cape Central Railway, um die 19D 3332 aufzubauen. Fast drei Wochen schraubten wir und mussten am Ende leider auf Grund einiger notwendiger Fehlteile auf die Inbetriebnahmefahrt verzichten.

Lokführer Hawkin Hansen fuhr mit 24 3632 an allen Samstagen den wunderbaren Weinzug von Robertson nach Nuy. In jedem Wagen präsentiert sich ein anderes Weingut und der Zug war immer voll ausgebucht. Eine Fahrt mit dem Zug ist auch für Nicht-Hardcore-Dampflokfans empfehlenswert. Die Auszubildenden konnten an und auf der Dampflok des Weinzuges mitarbeiten und hatten eine unvergessliche Zeit in Südafrika.

Wer weiß, vielleicht klappt es irgendwann noch einmal mit einer GMAM. Wir geben nicht auf. *Thomas Franke*

▲ Red Devil 26 3450 fährt von Nuy in Richtung Mowers vor dem Gebirgszug Langeberge. (20. Juni 2019)

▼ Die Moravia-Brücke wird am 16. Juni 2019 von der bestens gepflegten 19D 3322 überquert.

▲ Auf dem Weg von Ashton nach Worcester erklimmt 26 3450 die Steigung nach Mowers für das letzte Bild des 20. Juni 2019.

▼ Kurz vor dem Sonnenuntergang am 21. Juni 2019 kommt die 19B 1412 durch die S-Kurve hinter Drew in Richtung Swellendam.

▲ »Golden Delicious« heißen die Äpfel auf der Plantage vor der 19D 3322 am 19. Juni 2022 in Prince Alfred Hamlet.

▼ In den Weinfeldern vor Nuy begegnet uns die 24 3655 am 1. Juli 2023.

▲ Der Abendglint mit 25NC 3437 am 29. Juni 2023 in Perdeberg ist einer der Höhepunkte der Tour.

▼ Am 3. Juli 2023 erreicht der GmP mit 24 3655 die Wartenden in Klaas Voogdsrivier.

(oben) Am 2. Juli 2023 verlässt die 24 3655 mit dem GmP Ashton in Richtung Robertson.

▲ Der von der 24 3632 »Amanda« geführte Weinzug erreicht Mowers am 25. Mai 2024.

◄ 19D 3322 am 19. Juni 2022 vor der Bergkulisse in Prince Alfred Hamlet

▲ 25 NC 3437 überquert am 19. Juli 2024 mit ihrem Zug aus Kimberley in Richtung Bloemfontein den Modder River bei Perdeberg. Erst kurz zuvor war das Wasser wieder ruhig, so dass sie sich eine schöne Spiegelung ergab.
(*Fotos diese und die beiden nächsten Seiten: Ekkehard Hauck*)

Nach Thomas Frankes Arbeitsaufenthalt mit seinen Lehrlingen in Robertson hat Bernd Seiler, FarRail-Tours, eine weitere Reise im Juli 2024 nach Südafrika durchgeführt. Bei dieser Tour wurden die 25NC 3437 und die 15F 2976 eingesetzt. Die 25NC fuhr zunächst wie im Jahr zuvor auf der Strecke zwischen Bloemfontein und Kimberley. Ab Bloemfontein in Richtung Ficksburg sollten die Züge mit zwei Loks der Baureihe 15F im Wechsel bespannt werden. Da die 15F 3117 aufgrund von Störungen im Streckenverlauf nicht ab Johannesburg zugeführt werden konnte, kam nur die 15F 2976 mit Unterstützung von 25NC 3437 auf diesem Abschnitt zum Einsatz.

▲ Die extra für diese Tour wieder in Betrieb genommene 15F 2976 erreicht am 21. Juli 2024 im letzten Abendlicht Thaba Nchu mit ihrem Zug aus Bloemfontein. Die Lok wurde von ihrer dunkelgrünen Lackierung, die einige 15F trugen, in Schwarz umlackiert.

▼ 25NC 3437 ist als Vorspann vor 15F 2976 am 25.07.2024 in Marseilles eingetroffen. Die beiden Lokomotiven präsentieren sich im schönsten Abendlicht. In Marseilles zweigt die täglich von Zementzügen befahrene Strecke nach Maseru in Lesotho ab.

▲ 25NC 3437 dampft am 27. Juli 2024 durch den ehemaligen Bahnhof Vailima. Links neben der Lok sind Wasserturm und Gleisanlagen der Sandstone Farm zu erkennen. Die eindrucksvolle Felsformation hat schon zu Plandampfzeiten vielen Fotografen als Hintergrund gedient.

▼ Am 26. Juli 2024 hat 25NC 3437 gerade den Bahnhof Modderport verlassen. Neben zwei Unkrautvernichtungszügen und einem Krankenhauszug, der die Menschen im ganzen Land betreut, war dieses die vierte Zugbewegung auf der eigentlich seit Jahren stillgelegten Strecke Richtung Ficksburg.

WICHTIGE DAMPFLOK-BAUREIHEN DER SAR

▲ Kurz nach dem Plandienst – der endete für die GMAM ein Jahr zuvor – brachte die GMAM 4070 »Amin« im März 1980 den ersten Steamsafari-Sonderzug der SAR vom Montagu-Pass (im Hintergrund) kommend in den Bahnhof George.

Das Klassifizierungsschema der südafrikanischen Dampflokomotiven war etwas komplizierter, als in anderen Ländern, aber nachvollziehbar. Die Loktypen wurden in die Klassen I bis 26 unterteilt, wobei sich ähnelnde Loks (z.B. aufgrund der Achsfolgen) der gleichen Klasse zugeordnet, jedoch zusätzlich mit Buchstaben versehen wurden. Die wichtigsten Buchstaben haben die folgende Bedeutung:

▲ Die Kimberley-Abschlussveranstaltung 1991 brachte auch dieses – bisher alltägliche – Bild eines 25NC-bespannten Güterzuges in Richtung Süden. Der Bahnhof Orange River wird hier gerade bei ausnahmsweise mal schlechtem Wetter, aber mit einem Rest Sonne, verlassen.

A = Articulated (= umgebaut), aber auch »ALCO«
B = Branch Line Nebenbahnlokomotiven
C* = Condensing (Lok mit Kondenseinrichtung)
* »A«, »B« und »C« und die Folgebuchstaben hatten teilweise auch nur Ordnungscharakter, daher wurde »C« auch an Nicht-Kondensloks vergeben wie z.B. die 15CA
G = Garratt (= Gelenklokomotive)
M = Hauptstreckenlokomotive
NC = Non Condensing, Umbau, ohne Kondenseinheit
NG = Narrow-Gauge (= Schmalspur)
R = Reboilered, Lok mit neuem Kessel versehen (um 1930)
S = Shunter (= Rangierlokomotive)

Bei der Bezeichnung der Achsfolgen entschied man sich für die amerikanische Variante, d.h. es wurden nicht die Achsen, sondern die Räder gezählt. Schmalspurlokomotiven erhielten die Buchstaben »NG« (NG15), bzw. »NGG«, wobei man bei den Schmalspurgarratts unlogisch war und diese durchnummerierte (»NGG11, 13, 16 ...«).

In den 1990er-Jahre waren – bis auf wenige versprengte Rest- und Einzelstücke – schließlich noch acht verschiedene Baureihen bei den SAR auf Kapspur (15CA, 15F, 19D, 24, 25NC, GMAM) und auf 610 mm (NGG16 und NG15) unter Dampf anzutreffen, von denen jedoch einige nicht mehr im Unterhaltungsbestand standen, bzw. nur noch in allerkleinster Stückzahl anzutreffen waren.

Baureihe 15CA

Die Baureihe 15CA (2'D1') steht seit 1926 im Dienst der South African Railways. 23 Loks bei der American Locomotive Company (ALCO) bestellt und geliefert. Sie waren eine Weiterentwicklung der Baureihe 15C, die 1925 von den Baldwin Locomotive Works geliefert wurden, deren Rahmen allerdings große Probleme bereiteten.

Das »A« sollte bei der Baureihenbezeichnung für den Hersteller ALCO stehen. Nochmals 61 Lokomotiven der Klasse 15CA wurden in vier Chargen von drei anderen Herstellern in den Jahren 1929 und 1930 erworben:

▼ 1981 versah die 15CA noch Schnellzugdienst auf der Hauptstrecke, hier in Eerste Fabrike auf der Strecke von Pretoria nach Witbank.

- zehn Lokomotiven von der Società Italiana Ernesto Breda aus Mailand in Italien (heute AnsaldoBreda)
- 1929 lieferte die Baldwin Locomotive Works in die Vereinigten Staaten von Amerika vier Lokomotiven
- Ebenfalls 1929 lieferte die North British Locomotive Company (NBL) 29 Lokomotiven.
- Die letzten 18 Lokomotiven kamen ebenfalls 1930 von NBL. Die letzte Serie wurde mit größeren Zylindern und größeren Rädern der hinteren Laufachse gebaut.

Abgesehen vom neu gestalteten Rahmen unter der Feuerbüchse waren diese Lokomotiven denen der Vorserie 15C sehr ähnlich. Die Lokomotiven waren ursprünglich mit Kuppelachsrädern von 1448 mm Durchmesser geliefert, allerdings nach und nach auf 1524 mm umgerüstet, um die Zugkraft durch die größeren Räder zu erhöhen. Die Kessel hatten einen Betriebsdruck von 13,79 bar, später auf 14,48 bar erhöht. Damit konnten die Loks im gemischten Verkehr auch schnelle Hauptstrecken-Personenzüge befördern.

Sie wurden zunächst auf der Hauptstrecke zwischen Kapstadt und Kimberley eingesetzt, später jedoch nach Bloemfontein verlegt. Hier waren sie im gesamten Freistaat im Einsatz, bis der nächste Umzug in das östliche Transvaal-System erfolgte. Dort bedienten sie die Strecken von Pretoria nach Pietersburg, nach Tzaneen im Osten und nach Messina an der rhodesischen Grenze. Einige waren auch von Witbank und Breyten aus im Einsatz. Ihre letzten Gnadenkohlen verdienten sie bei verschiedenen Industriebahnen, u.a. in Rustenburg und Witbank.

Achsfolge	2'D1'
Hersteller	American Locomotive Company Baldwin, NBL, Breda
Preis:	16.309 südafr. Rand
Lieferung	1926 - 1930
Arbeitsdruck	13,1 bar
Antriebsachsen-Ø	1.448 mm
Zylinder	2 x 558,8 mm x 711,2 mm
Anzugskraft bei 75 %	151 kN
Kohlenkapazität	12,2 t
Wasserkapazität	27,3 m³
LüP	21,81 m
Masse	162,9 t

Baureihe 15F

Die Loks der Baureihe 15F (2'D1') waren die am häufigsten eingesetzten der South African Railways. Insgesamt 255 Loks der 4-8-2 Reihe 15 F wurden in den Jahren 1938 bis 1947 von der Berliner Maschinenbau AG, Henschel, NBL und BP nach Südafrika geliefert. Damit war sie zahlenmäßig die größte Klasse der SAR.

WAJ Day, Chefingenieur der South African Railways (SAR) von 1936 bis 1939, konstruierte die 15F auf der Basis der 15E seines Vorgängers Allan Griffiths Watson. Später wurde sie von seinem Nachfolger MM Loubser modifiziert. Vier verschiedene Hersteller in Deutschland und Großbritannien lieferten sie über zehn Jahren in fünf Serien.

Zunächst wurden 21 Loks 1938 in Deutschland gebaut. Sieben wurden von Berliner Maschinenbau geliefert und 14 von Henschel & Sohn. Weitere 44 folgten 1939 von der North British Locomotive Company (NBL) in Glasgow. Der Zweiten Weltkrieg verursachte eine Unterbrechung, aber bereits 1944 begann die Produktion von weiteren 30 Lokomotiven bei Beyer, Peacock & Company (BP). Im Jahr 1945 wurden 60 Stück von NBL ausgeliefert und die letzte Charge von 100 Lokomotiven kam zwischen 1946 und 1948 von NBL. Gegenüber der Vorgängerin, der Baureihe 15E gab es mehrere Verbesserungen, u.a. bei der Ventilsteuerung.

Die Vorkriegslokomotiven wurden manuell geheizt und ohne Windleitbleche ausgeliefert. Ein Stoker wurde an Nr. 2923 getestet, nachdem das erfolgreich war, wurden auch die übrigen Lokomotiven Ende der 1940er-Jahre umgerüstet. Die Nachkriegslokomotiven wurden bereits mit Stoker geliefert und hatten Vakuumbremsen.

Die »Kriegsmodelle« verfügten über eine Kesselisolierung aus einer dünneren Stahlisolierung, verchromte Handläufe und andere Feinheiten fehlten oder wurden durch unbeschichtete Elemente ersetzt. Die 15F wurden zwar überwiegend im Oranje-Freistaat und im westlichen Transvaal eingesetzt, waren aber auch auf den anderen Strecken des Landes unterwegs.

Achsfolge	2'D1'
Hersteller	North British, Beyer Peacock, Henschel, Berliner Maschinenbau
Preis	R 14.501 - 43.751
Lieferung	1938 - 1947
Arbeitsdruck	14,50 bar
Antriebsachsen-Ø	1524 mm
Zylinder	(2) 609,6 mm x 711,2mm
Anzugskraft bei 75 %	188 kN
Kohlenkapazität	14,2 t
Wasserkapazität	27,276 m³
LüP	22,4012 m
Masse	185,4 t

Im westlichen Transvaal waren 15F in Germiston stationiert, von wo aus sie nach Witbank, Volksrust und Kroonstad eingesetzt wurden. Durch eine Umstationierung 1956 von 30 Garratts (GMA) auf die Strecke Witbank – Germiston wurden 30 15F für den Oranje-Freistaat freigesetzt, wo sie die Lokomotiven der Baureihe 23 ablösten.

1957 kamen die ersten Lokomotiven der Klasse 15F nach Paarden Eiland in Port Elizabeth im Cape Western Systems. Nach Ausmusterung der Baureihe 23 erhielten die noch mit mechanischer Feuerung ausgestatteten Lokomotiven der Klasse 15F deren große sechsachsigen Tender, um die Reichweite zu erhöhen.

▼ Die zum Kimberley-Plandampf farbenprächtig herausgeputzte 15F 2928 mit Namen Johan Uys war 1991 vermutlich einer letzten aktiven Vertreter ihrer Baureihe.

Baureihe 16E

Obwohl in den 1980er-Jahren nur noch eine Maschine im Einsatz war, und das nur für Sonderzüge, soll die Paradelok

▲ 1987 war die 16E 858 »Betty« mit einem langem Steamsafari-Sonderzug unterwegs, hier auf der Strecke Kimberley – De Aar.

der SAR nicht fehlen. Maschinenbauer und Chef-Maschinenbauingenieur der SAR, A.G. Watson, bekam 1929 den Auftrag, eine Lokomotive speziell für den Einsatz vor dem Union Express zu entwickeln.

Glamour fürs Prestige

In den frühen 1930er-Jahren gab es weltweit eine Tendenz, sogenannte »glamouröse« Lokomotiven für das Prestige der Bahn zu beschaffen, neben den für den Alltag benötigten Maschinen. Die Lokomotiven waren dann für die herausragenden Züge der jeweiligen Verwaltung vorgesehen.

Watson hatte bei seinem Entwurf erhebliche Probleme, die Achslasten innerhalb der festgelegten zulässigen Grenzen zu halten. Um das Problem zu lösen, wurden Aschekasten, Führerhaus, seitliche Trittbretter und weitere Teile aus Legierungen mit geringerer Dichte im Vergleich zum herkömmlichen Stahl gebaut.

Das Watson-Führerhaus mit seiner abgeschrägten Vorderseite wurde wie der Watson-Kessel zum Standard bei den späteren SAR-Dampflokbaureihen. Das Führerhaus bestand aus leichtem Spezialstahl und war durchgehend verschweißt. Selbst die Nummernschilder wurden aus Aluminium gegossen. Dennoch war die Achslast von 21,3 Tonnen zu dieser Zeit die höchste aller Lokomotiven auf der SAR.

Aus der Prestigelok wurde letztlich die Baureihe 16E, Henschel bekam den Auftrag, sechs dieser Maschinen zu bauen. Die Lokomotiven waren für die beiden renommiertesten Züge des Landes vorgesehen, den Union Limited und den Union Express, beide zwischen Pretoria und Kapstadt verkehrend.

Als die 16E im Jahr 1935 ihren Dienst aufnahmen, wurden sie im Depot Kimberley stationiert. In Richtung Süden bespannten sie die Expresszüge bis Beaufort West, in Richtung Norden bis Johannesburg.

Meisterwerk auf 1067 mm

Die 16E war der Höhepunkt der Entwicklung der Variante 2'C1'h2-Pacific in Südafrika. Der Kessel lag mehr als 2,8 m über dem Schienenniveau, der höchstliegende Kessel einer SAR-Dampflok. Deshalb, mit Rücksicht auf die Beschränkungen des Lademaßes, bekam der Kessel keinen Dom. Die Treibräder von 1829 mm waren die größten auf Kapspur (oder Meterspur) einer Dampflok weltweit. Jeder Rahmen besteht von vorne bis zum hinteren Pufferträger aus einem Stück. Trotz der kleineren Spurweite sind Heiz- und Rostfläche sowie Zugkraft der 16E größer als bei der normalspurigen, deutschen Baureihe 01, die Leistung der beiden Maschinen ist in etwa gleich.

Schon kurz nach der Indienststellung wurde bei Probefahrten ein erster Rekord von 136,7 km/h aufgestellt, dabei war nach Zeugenaussagen der Regler nur halb geöffnet, der Zug hatte eine Last von 350 t. Das Erreichen von 160 km/h wurde seitens der Technik der Lok als problemlos machbar eingestuft. 156 km/h wurden nachweisbar tatsächlich, und das recht mühelos, erreicht. Damit waren die 16E die schnellsten je gebauten Schmalspur-Dampflokomotiven.

Die Ingenieure waren der Meinung, dass eine Reisegeschwindigkeit von 70 m.p.h. (112 km/h) machbar sei. Gleichwohl – der Streckenausbau ließ es leider nicht zu. Die Höchstgeschwindigkeit auf der Strecke wurde daher auf 55 m.p.h. (89 km/h) beschränkt, auch das auf schmaler Spur ein beachtlicher Wert. Das ganze Potenzial der Maschine konnte im Alltag nie ausgeschöpft werden.

Hersteller	Henschel
Achsfolge	2'C1'
Treibraddurchmesser	1,829 m
Laufraddurchmesser	0,864 m
Zylinder	2 x 610 mm x 711 mm
Kesseldruck	14,5 bar
Rostfläche	5,85 m²
Heizfläche	19,2 m²
Zugkraft bei 75% Auslastung	157 kN
Masse	169,83 t
Tender Kohlekapazität	14,2 t
Wasserkapazität	27,3 m³
Preis	15.900 südafr. Rand

Schnelle Ende des Prestiges

1939 wurden die bisherigen Wagen mit einem Holzaufbau der Union-Züge durch schwerere, klimatisierte Wagen mit Stahlaufbau ersetzt. Die jetzt aktuellen 610 t waren zu viel für die 16E im Dauerbetrieb, die Maschinen wurden nach Bloemfontein im Oranje-Freistaat umbeheimatet.

Von hier aus beförderten sie in der Folge die Personenzüge, darunter auch den Orange-Express und den Trans-Karoo von Johannesburg nach De Aar bzw. nach Kimberley. Aber auch hier holte die Umstellung auf klimatisierte Stahlwagen in Zügen wie dem Orange-Express die Pacific ein. Wiederum galten sie als nicht leistungsstark genug für die zusätzliche Last und wurden schließlich 1972 aus dem Dienst genommen. Die Lokomotiven mit den Nummern 857 und 858 blieben erhalten. Sie befinden sich in Bloemfontein, wo die Baureihe zuletzt stationiert war.

Baureihe 19D

Die Baureihe 19D war, gemeinsam mit der ähnlich und zeitgleich konstruierten 24, die Lokomotiv-Baureihe der SAR, welche vornehmlich auf den Nebenstrecken eingesetzt wurde: Robust, pflegeleicht und einfach in der Handhabung. Zuletzt kam sie »zum Zug«, wo keine besser geeignete Lok vorhanden war, und war damit ab 1980 praktisch überall im Einsatz, wo keine Lokomotive der Bau-

▲ Die Gegenüberstellung zeigt gut die äußeren Unterschiede zwischen der normalen 19D-Version und der modernisierten 19D 2644.

▼ Die Torpedotender – mit größerem Wassertank – waren oft vertreten, aber auch die normalen Kastentender waren im Einsatz.

reihe 25NC verfügbar oder diese zu groß war. Im Gegensatz zur 24 war die 19D neben und nach ihrer SAR-Karriere noch bei einigen Industriebahnen im Einsatz und fand auch in Nachbarländern Verwendung.

Konstruktion und Lieferungen

Die Baureihe 19D der SAR war die letzte und erfolgreichste Weiterentwicklung der Nebenbahn-Baureihe 19: Diese hatte es zuvor auch schon in den Varianten A, B und C gegeben. Allerdings waren diese deutlich weniger erfolgreich, von diesen Untergattungen erlebte eine einzige Lokomotive die 1980er-Jahre. Die 19D war eine überarbeitete Version der Klasse 19C mit Heusinger-Steuerung.

In den Jahren 1937 bis 1953 wurden insgesamt 268 Lokomotiven der Klasse 19D in sieben Etappen von sechs Lokomotivherstellern in der Tschechoslowakei, Deutschland und dem Vereinigten Königreich gebaut und an die SAR sowie mehrere andere Betreiber im südlichen Afrika geliefert.

Die Lieferungen wurden durch den Zweiten Weltkrieg unterbrochen. Nach dem Krieg wurden die kontinentaleuropäischen Lieferanten zunächst durch britische Fabriken ersetzt.

1947 lieferten die Robert Stephenson & Hawthorns (RSH) aus Darlington, England, 50 Nachkriegslokomotiven der Klasse 19D. Die Lokomotive 2734, Fabrik-Nr. 7247, ging bei einem Schiffsunglück auf See vor der Ostküste Englands verloren.

Die letzte Lieferung von nochmals 50 Lokomotiven der Klasse 19D für die SAR kam ab 1949 von der North British Locomotive Company (NBL) aus Glasgow, Schottland. NBL baute 1951 auch sechs Lokomotiven für die Caminho de Ferro de Benguela (CFB) in Angola.

Zwischen 1951 und 1953 folgten von Henschel 21 weitere Maschinen für die Rhodesia Railways (RR) und die Kupfermine Nkana in Nordrhodesien, dem heutigen Sambia. Den Abschluss machten 1955 vier Loks von NBL für die Kohlemine Wankie in Südrhodesien.

Betrieb

Die Loks der Baureihe 19D hatten den Spitznamen Dolly, ihr Aussehen war dem ihrer Vorläufer 19C sehr ähnlich. Die einzelnen Loks der Baureihe 19D unterschieden sich am deutlichsten durch die verwendeten Tendertypen. Im Streckendienst, was in Südafrika auch Entfernungen über mehrere hundert Kilometer bedeuten konnte, wurden normalerweise so genannte Torpedo-Tender vom Typ MX bevorzugt mit größeren Kohle- und Wasserkapazitäten (liegende Zylinder mit aufgesetztem Kohlekasten). Im Rangierdienst und auf Kurzstrecken wurden die deutlich kürzeren Tender der Bauart MP1 oder MR bevorzugt. Änderten sich die Einsatzpläne, so wurden die Tender getauscht.

Die Aufgaben reichten vom lokalen Rangier- und Vorortverkehr bis zum internationalen Hauptstrecken-Personenzügen auf dem Abschnitt zwischen Warrenton und Mafeking auf der Strecke, die anschließend nach Nordrhodesien über Betschuanaland und Südrhodesien (dem heutigen Simbabwe) führte. Teilweise wurde die Loks sogar bis nach Bulawayo in Südrhodesien eingesetzt.

Die 19D gehörte neben den 25 NC zu den letzten Dampflokomotiven, die durch elektrische und dieselelektrische Traktion ersetzt wurden.

19D 2644, Vorgänger des Red Devils

Ende der 1970er-Jahre gab es aufgrund des effektiven Erdölboykotts wegen der Apartheid Überlegungen, die damals recht umfangreiche Dampflokflotte nochmals grundlegend zu modernisieren. Als Probelauf erhielt der SAR-Maschinenbauingenieur David Wardale 1979 die Erlaubnis, die vorgeschlagenen Modifikationen an einer 19D-Lokomotive auszuprobieren. Für das Experiment wurde die damals ziemlich heruntergewirtschaftete, von Krupp gebaute Nr. 2644 ausgewählt.

Hersteller	Krupp, Borsig, Škoda, North British Locomotive, Robert Stephenson & Hawthorns
Lieferung	1937-55
Achsfolge	2'D1'h2
LüP	26,3 m
Masse	156,4 t
Kesseldruck	14,2 bar
Treibrad-Ø	1372 mm
Zylinder	2 x 533 mm x 660 mm
Zugkraft	141,7 kN
Stückzahl	268

Beim Umbau wurde u.a. ein Gaserzeuger-Verbrennungssystem (GPCS) und ein doppelter Lempor-Auspuff (eine Abwandlung des Giesl-Ejektors mit zwei hintereinander liegenden Schloten, zur thermodynamischen Verbesserung) mit einigen weiteren Verbesserungen installiert. Um den Anforderungen gerecht zu werden, wurde die Rauchkammer um 300 Millimeter verlängert. Der Dampffluss in den Zylindern wurde verbessert und die Feuerbüchse so umgebaut, dass der Zustrom von Verbrennungsluft optimiert wurde.

Die Modifikationen brachten eine deutlich höhere Leistung und einen deutlich geringeren Kohleverbrauch in der Größenordnung von 20% bis 25%. Der Erfolg dieses Experiments überzeugte das damalige SAR-Management von der Realisierbarkeit des Projekts.

Baureihe 24

Die Baureihe 24 war neben der 19D die südafrikanische Universallok der letzten Jahre: Rangierarbeiten, Übergabezüge, Personen- und Güterzüge auf Nebenstrecken. Richtig bekannt wurde sie durch eines ihrer letzten Einsatzgebiete auf der legendären Bahnstrecke George – Knysna, wo sie bis zum Erdrutsch im Jahr 2007 und der daraus resultierenden Schließung der Strecke im Einsatz war. Teilweise wurden die überlangen Sonderzüge in Dreifach-Bespannung gezogen.

▼ Der wesentlichste von außen erkennbare Unterschied zwischen den Baureihen 19D und 24 war die Achsfolge. In den letzten Jahren war das Haupteinsatzgebiet der Baureihe 24 – wie hier zu sehen – die Strecke George – Knysna.

Hersteller	North British Locomotive
Lieferung	1949-1950
Achsfolge	1'D2'
LüP	22,8 m
Masse	131,5 t
Treibrad-Ø	1295 mm
Kesseldruck	13,8 bar
Zylinder	2 x 483 mm x 660 mm
Zugkraft bei 75 %	123 kN
Stückzahl	100
Tender Kohlekapazität	9,2 t
Wasserkapazität	20,6 m³

In den späten 1940er-Jahren stand in Südwestafrika der Ersatz der überalterten Lokomotivflotte aus den Baureihen 6, 7 und der Garratts GC sowie GCA an. Aufgrund der dort verlegten Schienenstärke bestand nur die Alternative, die Streckengleise neu zu trassieren oder neue leichte Nebenbahnlokomotiven zu beschaffen, welche für den Einsatz auf den vorhandenen Schienen geeignet waren.

Die Nebenbahn-Dampflokomotive der Baureihe 24 wurde vom Chief Mechanical Engineer (CME) der SAR, MM Loubser, von 1939 bis 1949 entworfen. Die Lokomotiven wurden von der North British Locomotive Company (NBL) aus Glasgow gefertigt, die auch die 19D baute. 1949 und 1950 wurden 100 Stück geliefert, und mit den Nummern 3601 bis 3700 versehen. Die Lokomotive 3675 war die 2000ste Lokomotive, welche von NBL für die SAR hergestellt wurde.

Einsatz

Außer in Südwestafrika wurde die Baureihe 24 in der westlichen Kapprovinz im Cape Western System und im Cape Midland System eingesetzt. Die dortigen Strecken (Knysna – George, Alexandra – Barkly Bridge, Kirkwood – Addo und Somerset East – Cookhouse) sahen bis in die 1980er-Jahre noch 24er-Einsätze. Zudem fand die Baureihe im Orange Free State und im östlichen Transvaal-System Verwendung.

In Südwestafrika verkehrten die Loks auf den Abschnitten Südafrika (De Aar) – Karasburg und Keetmanshoop – Windhoek – Walvisbaai. Dort waren 55 Maschinen bis 1961 im Einsatz. Danach wurde das System grundlegend überarbeitet, die Gleise doch verstärkt und das gesamte Netz verdieselt. Die Loks der Baureihe 24 wanderten zurück nach Südafrika und fanden dort noch etliche Jahre weitere Einsatzgebiete. Als leistungsstarke Lokomotiven wurden sie auch im Vorortverkehr eingesetzt, so unter anderem bis zu deren Elektrifizierung auf der Pendlerlinie Springs – Nigel.

Baureihe 25 / 25NC

Das gesamte südliche Afrika wurde beim Bau der Bahnen mit der britischen Kapspur versehen. Der Anspruch war allerdings, auch auf dieser schmalen Spurweite eine vollwertige Eisenbahn mit schweren Güterzügen und langen Personenzügen zu betreiben. Die Krönung der Lokomotiventwicklung für diese Anforderungen war die Baureihe 25. Zwischen 1953 und 1955 stellten die South African Railways (SAR) 90 Dampflokomotiven der Baureihe 25 mit der Achsfolge 2'D2' (entsprechend dem britischen 4-8-4), versehen mit einem Kondenseinheit im Tender, in Dienst. Gleichzeitig wurden weitere Maschinen in der Version ohne Kondensation bestellt und geliefert. Diese erhielten die Baureihenbezeichnung »25 NC« (= non condensing).

Der Hintergrund der Bestellung der Kondensloks war das Problem der Wasserknappheit in dem Wüstenabschnitt in der Mitte der Hauptstrecke Johannesburg – Kapstadt. Das benötigte Wasser für die Dampfloks auf dem Wüstenabschnitt musste, vor allem in den trockenen Wintermonaten, mit Wasserzügen an die Wasserstellen gebracht werden.

Das Prinzip der Kondensation (Wieder-Verflüssigung) des Abdampfes zur Einsparung der benötigten Wassermenge war bereits seit dem 19. Jahrhundert bekannt. Tests mit Lokomotiven der Baureihe 20 in den Jahren 1950 und 1951 hatten Wasser-Einsparungen von etwa 90 % gegenüber der normalen Baureihenversion bei gleichzeitig geringerem

▲Der Unterschied zwischen den Bauarten, vor allem bezüglich der Tenderversion, der umgebauten (NC) und ursprünglich ohne Kondenseinrichtung gelieferte 25er ist bei dem Sonderzugeinsatz – hier beim Halt in Sannospos – bestens erkennbar.

▼ Die 26 3450 verlässt mit dem »Passenger« nach De Aar den Bahnhof Orange River an einem kalten Julitag 1981.

Kohleverbrauch gebracht. Die Lokomotive erhöhten unter günstigen Bedingungen ihre Reichweite ohne Wasserstopp auf mehr als 1000 km. Größeren technischen Probleme traten nicht auf.

Den neuen Loktyp entwarf ein Team der SAR unter der Leitung des Chef-Maschinenbauingenieurs Grubb gemeinsam mit der deutschen Lokfabrik Henschel. Diese hatten ebenfalls schon Erfahrungen mit Kondenslokomotiven gesammelt. Schon vor dem Zweiten Weltkrieg hatte deren Konstrukteur Richard Roosen Kondenslokomotiven für Argentinien, den Irak und die Sowjetunion gebaut.

Großauftrag für Nachkriegsdeutschland

Henschel baute dann auch die Maschinen, eine Nachbaulizenz bekam die North British Lokomotive Company Ltd. in Glasgow. Eine formschöne Schlepptenderlok entstand, die ihre deutsche Herkunft nicht verleugnen konnte, die Lokomotiven waren auf dem neuesten technischen Stand.

Sie hatten Stahlgussrahmen, Rollenlager an allen Achsen und Stangen sowie Stoker, eine mechanische Feuerbe-

Konstruktion 25, 25NC	South African Railways, Henschel & Sohn
Konstruktion Red Devil	SAR, David Wardale
Hersteller	Henschel&Sohn, North British Locomotive Co.
Baujahr	1953-1955; 1979
Stückzahl gesamt	90 (25 Kondens) 50 (25 NC), 1 (26)
Umbau	1973-1980
Umbau Red Devil	1981
Achsfolge UIC	2'D2' h2
Treibraddurchmesser	1.524 mm
Laufraddurchmesser vorn	762 mm
Laufraddurchmesser hinten	762 mm
Spurweite	1.067 mm (Kapspur)
Länge über Puffer	32.750 mm (25 Kondens) 27.900 mm (25 NC, 26)
Dienstmasse:	124,3 t
Höchstgeschwindigkeit	90 km/h
Leistung 25 / 26	2.500 kW / 3.670 kW
Zylinderdurchmesser:	690 mm
Kolbenhub:	711 mm
Kesselüberdruck:	156,96 N/cm²
Rostfläche:	6,5 m²
Überhitzerfläche:	59 m²
Verdampfungsheizfläche:	290 m²

▼ Der umgebaute Kondenstender hat fast die Länge der Lokomotive, was im Gesamteindruck gerade von der Seite irritiert.

schickung. Der Treibraddurchmesser betrug 1524 mm. Beide Tendervarianten verfügten über zwei dreiachsige Drehgestelle, die Kondenstender waren allerdings deutlich länger. Die Gebläse- und Lüfterturbinen des Kondenstenders wurden auch mit dem Abdampf betrieben.

Die Rauchkammern waren durch die Führung der Gasströme selbstreinigend, diese sorgte dafür, dass sich die Lösche nicht absetzen konnte, sondern zusammen mit den Abgasen aus dem Schornstein geblasen wurde.

Die Kesselummantelung war – anders als bei den rund ausgeführten 25NC-Kesselummantelungen – konisch nach unten zugespitzt, was einen irritierenden Gesamteindruck hervorrief, aber die beiden Typen auf den ersten Blick, auch ohne den Tender zu betrachten, unterscheidbar machte. Die 25 war in beiden Varianten eine der stärksten und schwersten Dampflokomotiven außerhalb des nordamerikanischen Raumes.

Kondenser raus, Wasser rein!

Während die Lok selbst völlig überzeugte, hielt die Kondenseinrichtung doch nicht ganz das, was die Versuche versprochen hatten. Vor allem die Wartung war sehr aufwendig und trieb die Betriebskosten in die Höhe. Daher kamen die Ingenieure der Hauptwerkstatt von Salt River/Kapstadt auf die einfache wie naheliegende Idee: Sie deinstallierten die gesamte Kondenseinrichtung aus dem damit jetzt geräumigen Tender und nutzten den Platz für einen überdimensionierten Wassertank.

Damit war ein ähnlicher Effekt – große Reichweite – ohne komplizierte und wartungsaufwendige Technik erreicht. Unterscheidbar sind beide Typen (ehemalige Kondenslok und ursprünglich Nicht-Kondenslok) an ihren unterschiedlich langen Tendern. Die umgebauten Tender waren hinter dem Kohlenkasten halbkreisförmig nach oben gerundet.

Nur zwei Maschinen wurden in der ursprünglichen Kondensversion bis in die 1990er-Jahre betriebsfähig erhalten.

▲ Die nach dem Muster der 26 3450 ebenfalls umgebaute »Bl Ewing« erfuhr nicht einmal die Ehre, in die »neue« Baureihe »26« eingereiht zu werden, sie lief bis zuletzt mit ebenfalls guten Ergebnissen als 25 NC 3454. Das nahm wohl auch schon gedanklich das vorzeitige Ende der geplanten Umrüstungen weiterer Loks vorweg.

Vor allem die 25 3511 »Frieda« wurde vor zahlreichen Sonderzügen eingesetzt.

»Red Devil« 26 3450 und »Blue Devil« 25NC 3453

Als der Erdölengpass aufgrund des OPEC-Boykottes Ende der 1970er-Jahre auf seinen Höhepunkt zulief, gab es

▲ »Bl Ebing« in voller Fahrt kurz hinter Kimberley in Richtung Süden. Gut erkennbar sind die beiden Dampfwolken aus den Schornsteinen.

Überlegungen, die vorhandenen Dampfloks grundlegend zu modernisieren und somit noch längere Zeit einsetzen zu können. Der erste Test-Umbau mit der 19D 2644 war erfolgreich verlaufen.

Man wählte die letzte von Henschel gelieferte Lok, die Nr. 3450 als Versuchsobjekt aus. Sie wurde wiederum vom SAR-Ingenieur David Wardale umgebaut und modernisiert. Das Ziel war eine deutliche Reduzierung des Wasser- und Kohlenverbrauchs bei gleichzeitiger Erhöhung der Leistung.

1979 begann der Umbau. Dabei sollte vor allem erreicht werden:

1) Verbesserung des Wirkungsgrades bei gleichzeitiger Erhöhung der Dampfproduktion
2) Reduzierung der Rauchentwicklung durch bessere Nutzung der Abgase.

Wardale stützte sich bei seinen Arbeiten auf Theorien des argentinischen Ingenieurs L.D. Porta. Beide standen während der Umbauarbeiten in engem Kontakt. Porta war 1957 als Generaldirektor zu der Kohlebahn Red de Ferrocarril Industrial de Rio Turbio (Ramal Ferro Industrial Rio Turbio) in Santa Cruz nach Patagonien gegangen. Seine Arbeit dort ermöglichte, den Dampfbetrieb weitere 40 Jahre aufrechtzuerhalten.

Der Umbau wurde in den Salt River Works der SAR in Kapstadt durchgeführt. Die Maschine wurde dabei mit verbesserten Kolbenschiebern, einer doppelten Lempor-Saugzug-Anlage zur Verbesserung der Leistungsabgabe der Zylinder (Doppelkamin) und einem vergrößerten Überhitzer ausgestattet. Zudem bekam sie größere Windleitbleche. Konsequenterweise schuf die SAR eine neue Baureihenbezeichnung: »Class 26«, die ursprüngliche Nummer 3450 wurde beibehalten.

Auch wenn sie auf den Namen »L.D. Porta« getauft wurde, erhielt die praktisch neuwertige Lok aufgrund der markanten roten Farbgebung umgehend den Spitznamen »Red Devil«. Sie galt – und gilt auch heute noch – als eine der modernsten Dampflokomotiven der Welt. Im Einsatz, überwiegend auf der 25NC-»Hausstrecke« Kimberley – De Aar wurden ihre Werte laufend mit denen der parallel

▲ Mächtigen Eindruck hinterließ der Red Devil am 20. Juni 2019 bei der Vorbeifahrt in Over-Hex kurz hinter Worcester. (*Foto: Th Franke*)

▼ Ein Sonderzug der Steamsafari 1997 wurde unter anderem natürlich auch mit einer Lok mit einem ursprünglichen Kastentender der 25er-Reihe ohne Kondenseinrichtung bespannt.

▲ In der Spiegelung im Tümpel hinter Ashton ist die Anordnung der beiden Schornsteine gut zu erkennen. *(Foto: Thomas Franke)*

▼ Die Baureihe 25 in der Kondens-Variante war lange Jahre der Star der südafrikanischen Dampfloks, hier im Bw Kimberley.

eingesetzten konventionellen 25NC verglichen. Das Ergebnis war beeindruckend:

Der Kohleverbrauch lag um 30 % bei niedrigen Geschwindigkeiten und um 60 % bei hohen Geschwindigkeiten unter den Vergleichswerten. Der Wasserverbrauch wurde um 20 % bis 40 % verringert. Der Schmieröl-Verbrauch wurde um ca. 26 % reduziert. Die maximal gemessene Leistung mit 3000 kW bei hohen Geschwindigkeiten ließ erwarten, dass die Lokomotive theoretisch über 160 km/h hätte fahren können. Entsprechende Testfahrten wurden beantragt, jedoch nicht genehmigt. Auch hätte der Treibraddurchmesser mit nur 1524 mm dem einen Riegel vorgeschoben.

Aber selbst das Argument, dass die Lokomotive in der Wartung und im Betrieb billiger war als die alternativ vorhandenen dieselelektrischen Lokomotiven, verhinderte die Entscheidung der SAR-Verwaltung nicht, den Versuch zu beenden. Zwar wurde noch eine weitere Lok, die 25NC Nr. 3454 »BI EBING« – mit ähnlichen Ergebnissen – modifiziert. Das war es dann aber auch, der geplante Umbau größerer Stückzahlen 25 NC (und 19 D, hier gab es schon vor dem Umbau des Red Devil eine Versuchslok) verschwand in der Schublade.

Wardale verließ frustriert Südafrika und verfolgte weitere Dampflok-Projekte in China (QJ, ebenfalls nur ein Teilerfolg, auch hier wurde trotz guter Ergebnisse auf Dieselloks gesetzt).

Im November 2004 nach einem letzten Sonderzugeinsatz wurde der Red Devil in der Monument Station von Kapstadt abgestellt. Nachdem die Ceres Rail Company die Lokomotive für Wochenendausflüge zwischen Kapstadt und Robertson wieder in Betrieb nehmen wollte, erfolgte mit Unterstützung der Eisenbahnfreunde eine Aufarbeitung und am 13. Juli 2018 absolvierte sie wieder mit einem Sonderzug für ausländischen Eisenbahnfreunde die erste Fahrt nach 15 Jahren.

Weitere Schlepptenderlok-Baureihen

Tenderlokomotiven waren in der beschriebenen Zeit bei der SAR nicht mehr im Einsatz. Es gab sie vereinzelt noch bei einigen Industriebahnen. Nachfolgend werden kurz die weiteren in den 1980er-Jahren eingesetzten Baureihen vorgestellt.

Die Baureihe 12

Zwischen 1919 und 1929 nahmen die South African Railways 67 Dampflokomotiven der Klasse 12A mit der Achsfolge 2'D1' »Mountain« in Betrieb. Die Klasse 12A war der letzte Lokomotiventwurf von D.A. Hendrie.

Es handelte sich um eine verbesserte und größere Version seiner Lokomotive der Klasse 12 mit Zylindern mit größerem Durchmesser zur Erhöhung der Zugkraft und einem neu gestalteten Kessel. 48 der Loks wurden von der North British Locomotive Company (NBL) in Schottland von 1919 bis 1921 ausgeliefert, ein Nachschlag von 19 Maschinen folgte 1929. 19 Loks kamen von Henschel & Sohn in Kassel, Deutschland, 1928 bis 1929. Die Lokomotiven wurden hauptsächlich auf der Kohlestrecke zwischen Witbank und Germiston eingesetzt.

In den 1930er-Jahren wurden aufgrund zahlreicher Probleme viele Lokomotiven mit dem damaligen Standardkesseltyp vom zuständigen Ingenieur Watson umgerüstet. Dabei wurden auch die Führerstände überarbeitet. Die so umgebauten Lokomotiven wurden in die neue Baureihe 12R eingestuft.

Später wurden 44 12A-Lokomotiven mit Loubser-Kesseln umgebaut und als Baureihe 12AR eingereiht. Dabei wurden die Maschinen mit einer längeren Rauchkammer ausgestattet. Die 12A wie die 12AR waren vor allem im West-Transvaal, in den Rangierbahnhöfen von Springs und Germiston, in Nelspruit und Waterval Boven im Osten sowie in De Aar in der Kapprovinz anzutreffen. Mit der Auslieferung der 15CA wurden sie verdrängt und kamen in den späten 1920er-Jahren nach Natal. Ab 1977

▶ Lok 12R 1947 im Bw Germiston, Juni 1981.

wurden die verbleibenden Lokomotiven der Klasse 12A zum Rangieren in De Aar und Beaconsfield konzentriert. East London und Port Elizabeth erhielten jeweils vier Lokomotiven für den Einsatz im Wochenendverkehr nach Kapstadt.

Die Baureihe 14

45 Dampflokomotiven der Klasse 14 von Robert Stephenson and Company mit der Achsfolge 2'D1' »Mountain« wurden zwischen 1913 und 1915 in drei Chargen von den South African Railways in Natal in Betrieb genommen. Sie waren eine Weiterentwicklung der Baureihe 12 und ähnlich konzipiert, viele Komponenten waren austauschbar. Die Dampfloko-

▼ Lok der Baureihe 12AR im Bw De Aar, 1981

▲ Lok 14AR 1991 beim Rangieren in De Aar, 1981

motiven wurden zerlegt geliefert und in einer SAR-Werkstatt zusammengebaut.

Auch die Loks dieser Baureihe wurde in den 1930er-Jahren im Rahmen seiner Standardisierungspolitik vom damaligen CME AG Watson mit einem Standardkesseltyp ausgestattet.

◀ Lok 14CRB 1771 im Kapstädter Bw Paarden Eiland, 1980

Der Baureihenbezeichnung wurde ein »R« hinzugefügt. Auch hier erfolgte der Umbau mit Watson-Führerständen mit ihren charakteristischen schrägen Fronten.

Die Lokomotiven waren zunächst auf der Hauptstrecke zwischen Durban und Ladysmith in Natal im Dienst. Mit der Elektrifizierung in den späten 1920er-Jahren wurden sie auf die alten Hauptstrecke über Bothas Hill umstationiert, bis auch diese elektrifiziert wurde. Die nächste Umbeheimatung führte nach Empangeni im Norden und Port Shepstone im Süden. 1976 ging es zum Rangierdienst nach Witwatersrand. 1983 waren die letzten Exemplare außer Dienst. Die Loks der Baureihe 14 waren mehr als 60 Jahre im Einsatz.

15A / AR

Zwischen 1914 und 1925 wurde mit der 4-8-2 Klasse 15A und 15AR ein sehr erfolgreicher Loktyp bei North British Locomotive Works, Glasgow (NBL), Beyer Peacock & Co. Ltd., Manchester (BP) und der Maffei AG, München gebaut.

Von den einst 129 Maschinen versah auch am Ende der Dampflokeinsätze noch ein nicht geringer Teil aktiv ihren Dienst, wenngleich Streckeneinsätze selten geworden waren. Vielmehr waren sie Reserve oder mussten Rangierdienste leisten. Eine Lok dieser Reihe kostete zum Zeitpunkt ihrer Beschaffung lediglich etwa 13.500 Rand.

▼ 1991 war eine GMAM im Rahmen einer Steamsafari mit alter Garnitur bei Nelspruit im östlichen Transvaal unterwegs.

▲ GMAM-4122 und 4113 bereiten sich 1981 auf ihre Doppelbespannung des Kohlezuges nach Carolina vor. Diese Züge liefen bis Ende der 1980er-Jahre

▲ Die GMAM im Streckendienst führten meistens einen zusätzlichen Wasserwagen mit, um die Reichweite zu erhöhen. Hier wird dieser vor der Rückfahrt nach Waterfall Boven gefüllt.

Die Garratts der SAR

In den 1980er-Jahre war nur noch die Baureihe GMAM im regelmäßigen Einsatz, die wichtigsten anderen Garratts sollen trotzdem mit erwähnt werden.

Die Stars der Kapspurlokomotiven in Südafrika neben der Baureihe 25 waren die sogenannten »Garratts«. Diese Sammelbezeichnung umfasst Gelenklokomotiven mit einem schweren Kessel zwischen zwei großen mehrachsigen Drehgestellen. In Europa blieben diese exotischen »Echsen« (in Deutschland fehlten sie gänzlich) selten und waren schon seit Jahrzehnten Geschichte. In Afrika liefen sie in einer ganzen Reihe von Ländern, unter anderem in Kenia, Rhodesien und eben vor allem in Südafrika. Hier standen sie noch bis Anfang der 1990er-Jahre im planmäßigen Einsatz.

Garratts wurden mit zwei getrennten Fahrwerken mit jeweils eigenem Antrieb gebaut. Eine Garratt besteht somit aus drei Teilen: der Kessel mit Feuerraum und Führerstand ist auf einer »Brücke« montiert, welche über Drehzapfen die beiden Drehgestelle verbindet.

Auf den Drehgestellen selbst lagern die Antriebseinheiten mit Treib- und Kuppelachsen, Vor- und/oder Nachlaufachsen. Das vordere Fahrwerk wird unter einen weiteren Rahmen mit Wasserkasten montiert, das hintere Fahrwerk unter dem Tender mit einem weiteren Wasserkasten und dem darüber liegenden Kohle- oder Ölbunker. Die beiden Drehgestelle stützen den zentralen Rahmen. Dadurch können Kessel und Feuerbüchse vollkommen frei und ohne Behinderungen durch Treibräder und Rahmen optimal gestaltet werden.

Dieser Aufbau ermöglicht es Lokomotiven, enge Kurven zu bewältigen, die große Lokomotiven mit starrem Rahmen nicht befahren könnten. Außerdem wird die Masse der Loks auf mehr Achsen verteilt, was den Achsdruck – und damit unter anderem die Belastung von Brücken verringert. Durch die größere Zahl von Antriebsachsen ist ein Betrieb auf Gleisen mit geringerer Belastungsobergrenze möglich. Zudem konnten die Maschinen aufgrund der symmetrischen Achsanordnung gleichgut vorwärts wie rückwärts laufen.

Erfunden wurde diese Lokomotivbauart vom britischen Ingenieur Herbert William Garratt, der auch zum Namensgeber wurde. Der gemeinsame Vorteil der Garratts: leistungsstark und recht sparsam im Verbrauch im Vergleich zu gleichstarken Schlepptenderloks und vor allem in beide Richtungen gleich gut einsetzbar. Sie müssen am Ende der Strecke nicht gedreht werden.

Die letzten Einsätze

In den letzten Jahrzehnten ihres Einsatzes waren die Garratts vor allem im schweren Güterverkehr unterwegs. Die letzten ihrer Art im Plandienst waren die GMAM-Garratts. Bis Anfang der 1980er-Jahre beförderten sie Züge auf der Gardenroute (Kapstadt – Port Elizabeth), vor allem über den Montague-Pass zwischen George und Oudtshoorn. Im Nordosten hatten lange Jahre Zweifachbespannungen

▼ 1991 gab es erstmalig eine Steamsafari unter anderem im Osten des Transvaal auf der Strecke Nelspruil – Sabie – Graskop, auch mit neu aufgearbeiteten Lok von Baureihen, die seit langem außer Dienst gestellt waren, wie hier die GF-Garratt »Cathy«.

▲ Auch eine wieder aufgearbeitete GEA war 1997 im Rahmen der Steamsafari eingesetzt und zog einen Foto-Güterzug über den Montagu-Pass in Richtung George.

von Kohlenzügen von Waterval Boven (an der Hauptlinie Johannesburg – Maputo) nach Breyten überlebt, dies waren die letzten planmäßigen Einsätze großer Garratts überhaupt weltweit, sie liefen bis Ende der 1980er-Jahre. Ein zweites Leben hatten einige bereits lange ausgemusterte Garratt-Baureihen bei einigen Industriebahnen.

KURZBESCHREIBUNG DER WICHTIGSTEN BAUARTEN:

GF

1927 bekamen die South African Railways 37 Dampflokomotiven der Baureihe GF mit der Achsfolge (2'C1')(1'C2'), gebaut von der Hannoverschen Maschinenbau AG (Hanomag) in Deutschland. Weitere 28 Lokomotiven folgten 1928 von zwei weiteren deutschen Herstellern (Henschel & Sohn, Maffei).

Die Lokomotiven hatten Überhitzer, Kolbenventile und Walschaerts-Steuerung (Heusinger-Steuerung). Die GF wurde für den Einsatz auf Nebenstrecken im ganzen Land konzipiert. Einige verkehrten von Johannesburg aus über Krugersdorp und Zeerust auf der Strecke über Mafeking nach Rhodesien.

Der Großteil der GF war in Natal im Einsatz. Unter anderem wurden sie häufig im Personenverkehr an der Ostküste eingesetzt. Einige waren für den Zuckerrohrverkehr in Empangeni stationiert. Vier Loks mit den Nummern 2370, 2419, 2420 und 2432 wurden an die Caminhos de Ferro de Moçambique verkauft, sie erhielten die Baureihenbezeichnung 911 mit den Nummern 911 bis 914.

GEA

1946 und 1947 nahmen die South African Railways 50 Garratts der Baureihe GEA mit der Achsfolge (2'D1')(1'D2') in Betrieb. Sie wurde von Dr. MM Loubser, Chef-Maschinenbauingenieur der SAR, entworfen.

▲ Noch lange nach dem Ausscheiden aus dem SAR-Dienst hatten die GMAM eine Heimat in der Goldmine REGM bei Johannesburg. Sie waren bestens gepflegt und oft in einem gefälligen Blau lackiert.

Die Loks verfügten als erste südafrikanische Garratt über stromlinienförmige Wassertanks und Kohlebunker. Der Bauauftrag war 1945 an Beyer, Peacock & Co gegangen und war der bis dahin größte Einzelauftrag für eine Garratt-Bauart.

	GEA	**GF**	**GMA/M**
Hersteller	Beyer-Peacock	Henschel & Sohn Hanomag, Maffei	Henschel & Sohn, - Beyer Peacock, NBL
Baujahr(e)	1946	1927-28	1953-58
Ausmusterung	1976	1979	1988
Anzahl	50	65	120
Masse	186,9 t	147,9 t	194,5 t
Achsfolge	2'D1'+1'D2'h4	2'C1'+1'C2'h4	2'D1'+1'D2'h4
Länge	26,949 m	23,495 m	28,600 m
Tender Kohle	10,2 t	11,7 t	11,8 t
Tender Wasser	17,3 m³	13,6 m³	9.5 m³m
Kesseldruck	13,72 bar	12,76 bar	13,79 bar
Verdampfungsheizfläche	236 m²	208,3 m²	298,33 m²
Zylinder	4 x 470 mm x 600 mm	4 x 406 mm x 660 mm	4 x 521 mm x 660 mm

Die Lokomotiven waren mit Überhitzer ausgestattet und hatten wiederum eine Walschaerts-Steuerung. Im Gegensatz zu den meisten anderen Garratt-Baureihen mussten sie manuell befeuert werden. Die Lokomotive verfügte über eine selbstreinigende Rauchkammer. Die Kabinenausstat-

tung war komfortabel: Das Dach mit Teakholz verkleidet, seitliche Lamellenventilatoren mit Rollschiebern waren eingebaut, die Führerhausfront und die Seiten mit Lüftungstüren versehen. Die Kabine war mit seitlichen Schiebetüren ausgestattet und die Besatzung hatte gepolsterte Klappsitze mit Armlehnen.

Die GEA waren für den Güterverkehr auf den leichten Schienen der Nebenstrecken konzipiert. Zunächst fuhren sie im Güterverkehr auf den Strecken im westlichen Transvaal. Später folgten Einsätze in der Kapprovinz von Riversdale über Voorbaai bis Oudtshoorn über den Montagu-Pass. Ihr Gnadenbrot verdienten einige Maschinen im Natal. Die Baureihe GEA schied 1976 aus dem Dienst.

GMA/M

Zwischen 1954 und 1958 nahmen die South African Railways 120 Gelenkdampflokomotiven der Klasse GMA/M

▲ Die GF der Enyati-Kohlenbahn irrierten mit ihrem angebauten Dieselgenerator, hier vor dem Kohlenbansen gut zu sehen. Er musste im Fahrt- und Rangierbetrieb den nötigen Bremsdruck aufbauen.

Garratt mit der Achsfolge (2'D1')(1'D2') in Betrieb. Die Loks konnten für den Einsatz auf Nebenstrecken (GMA) oder auf Hauptstrecken (GMAM) modifiziert werden.

Die jeweiligen Umbauten waren sehr einfach durchzuführen. Die GMA/M war die Garrattbauart mit den meisten Loks.

Die Baureihe wurde 1952 von LC Grubb, Chef-Maschinenbauingenieur der SAR, entworfen. Die ersten 25 Lokomotiven wurden bei Henschel & Sohn bestellt. 1953 erbaut, wurden sie im Jahr 1954 mit den Nummern 4051 bis 4075 ausgeliefert.

▲ Die GMAM 4080 war vermutlich die letzte im Planeinsatz der SAR im Großraum Johannesburg, hier im Juli 1980 in Millsite im letzten Sonnenlicht des letzten Reisetages des Autors, ein würdiger Abschluss jener Reise.

Eine zweite Lieferung von 35 Lokomotiven kam 1956 aus Großbritannien von der Firma Beyer, Peacock & Co. Allerdings wurden davon nur 23 Lokomotiven von BP selbst gebaut, während der Bau weiterer zwölf Stück als Auftrag an die North British Locomotive Company (NBL) vergeben worden.

Im Jahr 1958 folgte eine dritte Lieferung von 60 Lokomotiven. 30 wurden von Beyer, Peacock & Co geliefert, von diesen stammten allerdings 20 erneut von NBL. Die zweite Lieferung von 30 Lokomotiven kam wiederum von Henschel & Sohn.

Von August 1979 bis September 1981 wurden insgesamt 26 Lokomotiven an das damalige Süd-Rhodesien (heute: Simbabwe) vermietet. Mindestens eine Maschine erlitt dabei durch eine Mine der Widerstandskämpfer einen Totalschaden.

Die »schmalen« Schmalspurloks auf 610 mm NG15

Die ersten drei Loks dieser Schmalspur-Baureihe mit einer Achsfolge 1'D1' »Mikado« wurden 1931 erworben. Die ersten NG15 wurden von den South African Railways (SAR) entworfen und von Henschel und gebaut. Die Konstruktion ähnelte den bereits vorhandenen Lokomotiven der Baureihen Hd und NG5. Drei weitere Loks folgten 1939.

Die neuen Maschinen waren für die Otavi Mining and Railway Company in Südwestafrika gedacht. Das Unternehmen betrieb die 566 km lange Schmalspurbahn (Otavibahn) durch die Namibwüste von Swakopmund an der Atlantikküste nach Tsumeb und Grootfontein im Norden

Gebaut von - bis	1931–1957
Anzahl	21
Achsfolge	1'D1'
Vor-/Nachlaufachse-ø	533 mm
Treibachsen-ø	863 mm
Radstand	13,591 m
Länge	14,8 m
Masse	61,9 t
Kohlevorrat Tender	5,6 t
Wasser	13,000 m³
Kesseldruck	12,4 bar
Heizfläche:	74,0 m²
Zylinder	2 x 304 mm x 407 mm
Zugkraft bei 75 %	43 kN

▲ Ab Ende der 1980er-Jahre wurde der Tourismus-Verkehr auf der Apple-Express-Strecke die wesentlichste Einnahmequelle. Entsprechend wurden die Lokomotiven »aufgepeppt«.

von Südwestafrika. In den darauffolgenden Jahren wurden weitere Loks bei der Société Franco-Belge für die Otavi-Linie bestellt und 1950 und 1953 in zwei Chargen zu je fünf Stück ausgeliefert. 1958 folgten nochmals fünf NG15 von Henschel an die Tsumeb Copper Corporation.

Die Otavi Railway wurde 1960 auf Kapspur umgespurt, die South African Railways übernahmen alle 21 Lokomotiven. Sie wurden nach Port Elizabeth überführt, um dort auf der Schmalspurstrecke nach Avontuur eingesetzt zu werden. Ihre Ankunft im April 1961 erhöhte die Zahl der Lokomotiven auf der Avontuur-Strecke auf 43. In der Folge wurden bis Juli 1962 fast alle NG10 und NGG11 außer Dienst gestellt.

Nachdem das Vorläufermodell, die NG5 zunächst, unter anderem bei einem Testlauf auf der Avontuur-Strecke, große Probleme hatte, wurde die Kurvengängigkeit bei der NG15 deutlich verbessert. Die vordere gekuppelte Achse hatte einen gewissen seitlichen Spielraum und war mit dem vorderen Bissel-Drehgestell verbunden.

Die Sitze von Lokführer und Heizer waren so montiert, dass sie nach außen aus dem Führerhaus geschwenkt werden konnten. Das Prinzip wurde später auch bei den NGG-Baureihen übernommen, die Möglichkeit wurde in den heißen Sommermonaten oft und gern genutzt. Die NG15 hatten recht große Tender mit einem Betriebsgewicht von 31,7 t. Die tiefliegenden Seitenwände ermöglichten im unteren Bereich zusätzlichen Platz für Wasser.

In Port Elizabeth erhielt die NG15 auch ihren Spitznamen »Kalahari«, eigentlich eine Fehlbezeichnung: Das alte Revier lag westlich der Kalahariwüste. Da die NG15 von Port Elizabeth aus zunächst nicht über Humansdorp hinaus fahren durften, wurden weiterhin Garratts in der Langkloof (»lange Schlucht«) eingesetzt.

Das einzige Wende-Dreieck befand sich am Ende der Strecke in Avontuur, Drehscheiben gab es keine. In den Folgejahren wurden Wendemöglichkeiten in Assegaaibos, Louterwater und Misgund installiert. Damit gingen die meisten Leistungen jetzt auf die NG15 über, die noch verwendbaren Garratts wurden an die Schmalspurbahnen in Natal abgegeben.

Die NG15 war mit ihrem geräumigen Führerhaus beliebter beim Personal. Sie war schnell und es gab keinen wesentlichen Unterschied in der Leistung zu den Garratts. Die Klasse NG15 schafften Hin- und Rückfahrten von knapp über 320 Kilometer nach Assegaaibos und zurück in einer Schicht. Undenkbar mit den Garratts.

Außerhalb der Apfelsaison wurde schon damals jeden Samstag ein Sonderzug namens »Apple Express« von Humewood Road (Vorort von Port Elizabeth) nach Loerie und zurück gefahren. 1986 wurden die NG122 und NG124 in Rot bzw. Grün neu lackiert. Die Benennung nach Apfelsorte (Starking und Granny Smith) hatten wohl vor allem Werbezwecke als Hintergrund.

Ab 1973 wurden in der Langkloof Diesel-Elektroloks eingesetzt (die von General Electric gebaute Baureihe 91-000 Typ GE UM6B). Beide – Diesel- und Dampfloks – waren einige Jahre lang parallel im Einsatz. Das Aus für die Dampfloks kam Ende der 1980er-Jahre, aber kurz darauf folgte die Stilllegung der gesamten Strecke, das Ende brachte auch hier die Konkurrenz durch den Straßenverkehr. Vereinzelt wurde danach immer wieder versucht mit Touristenzügen auf der noch lange Jahre befahrbaren Strecke den Erhalt durchzusetzen.

NGG16

Die zwölf 1927/28 gebauten Loks der Baureihe NGG13 (Achsfolge: (1'C1')(1'C1')) bewährten sich bei ihrem Einsatz in Südafrika so, dass die Verantwortlichen sich entschlossen, eine weitere, etwas modernisierte Serie zu bauen, die NGG16. Sie sind die größten, jemals für diese Spurweite gebauten Lokomotiven. Die letzte NGG16 wurde erst 1968 geliefert.

▲ 1987 gab es im Rahmen einer Steamsafari den Einsatz einer für Sonderfahrten eigens dorthin versetzten NGG16 auf der Apple-Express-Strecke. ▼ 1991 war der »Red Dragoon« bei der Alfred County Railway im Dauereinsatz. Ohne die übermächtige Lkw-Konkurrenz wären wohl weitere Umbauten gefolgt.

BEWEGLICH IN ENGEN KURVEN

Die 610 mm-Spurweite wurde in Südafrika in schwierigem Gelände verbaut, also dort, wo die »normale« Spurweite von 1067 mm nicht kostengünstig zu verlegen war. Grund waren oft schmale Schluchten und enge Kurvenradien. Bedenkt man, dass 600 mm in Deutschland bei Feldbahnen verbaut wurden, dann erstaunt der hohe Standard der 610 mm-Strecken in Südafrika bis zum Ende ihrer Betriebszeit.

Von der NGG13 zur NGG16 gab es kaum Änderungen. Eigentlich unterschieden sich die einzelnen Lieferungen der NGG16 stärker als die NGG13 und die ersten NGG16. Wesentlicher Unterschied ist die Ausstattung der Laufachsen der NGG16 mit Rollenlagern sowie Lagerung der inneren Laufachsen: Bei der NGG13 sind sie im Rahmen gelagert, bei der NGG16 als Bisselachse.

Die Fahrwerke haben Außenrahmen und Außenzylinder. Treib- und Kuppelstangen sind dabei an Kurbelwangen außerhalb des Rahmens befestigt (Hallsche Kurbeln), eine bei großen Dampflokomotiven dieser geringen Spurweite fast unumgängliche Bauweise. Die Steuerung entspricht der Bauart Heusinger. Gefeuert werden die Lokomotiven mit Kohle, einige der später ins Ausland gebrachten Exemplare wurden auf Ölfeuerung umgebaut.

Der ungewöhnlich lange Beschaffungszeitraum von 40 Jahren unterstreicht den Erfolg dieser Konstruktion. Zunächst wurden zwölf Lokomotiven der Klasse NGG13 1927 und 1928 von Hanomag geliefert. Die nach deren Bewährung bestellten zunächst vier Nachfolger erhielten die Baureihenbezeichnung NGG16 und wurden zunächst ab 1937 von Cockerill geliefert. Ihnen folgten acht weitere Loks von Beyer-Peacock und 1951 weitere sieben Maschinen vom selben Hersteller.

	NGG13	NGG16	NGG16A
Anzahl:	12	34	2 (Nr. 141, 155)
Hersteller:	Hanomag	Cockerill Beyer-Peacock Hunslet-Taylor	Beyer-Peacock, Hunslet-Taylor
Baujahre:	1927/28	1937 – 1968	1989/90
Bauart:	(1'C1')(1'C1') h4		
Spurweite:	610 mm		
Länge:	14,76 m		
Dienstmasse:	62,6 t	63,2 t	62,3 t/60,1 t
Reibungsmasse:	40,8 t	43,3 t	
Radsatzfahrmasse:	7,2 t	7,0–7,3 t	
Höchstgeschwindigkeit:	40 km/h	65 km/h	65 km/h
Kuppelraddurchmesser:	838 mm		
Laufrad-Ø außen, innen:	533 mm		
Zylinder:	4 x 304,8 mm x 406 mm		
Kesseldruck:	12,41 bar		
Rostfläche:	1,81 m²	1,78 m²	
Überhitzerfläche:	13,8 m²	13,6 m²	14,9 m²
Verdampfungsheizfläche:	85,5 m²		

Anmerkungen: Bei der NGG16 und NGG16A sind nur die Abweichungen angegeben.

Nochmals sieben Lokomotiven folgten 1958, ebenfalls wieder von BP. Entgegen der Bauart der bisherigen Loks fehlte der Wasserkasten auf dem hinteren Drehgestell zugunsten eines größeren Kohlevorrates. Der vordere Wasserkasten wurde vergrößert. Aber nachdem die Maschinen nicht wie geplant auf der südwestafrikanischen Tsumeb-Minenbahn eingesetzt wurden – diese war gerade auf Kapspur umgenagelt worden – reichte das nicht für den Dienst auf den Strecken im Natal, ihrem Ersatzeinsatzgebiet. Die Lösung war einfach. Es wurde ein Wasserwagen mitgeführt.

▲ Eine Doppelgarnitur NGG16 (141/155) der ACR führt einen Timber-Holz-Leerzug nach Harding. (*Foto: A.E. Durrant, Sml. Koch*)

Die letzte Lieferung von acht Lokomotiven folgte im Jahr 1965; der Auftrag ging dieses Mal an Hunslet-Taylor. Die Lokomotiven wurden 1967/68 geliefert und waren die letzten neu beschafften Dampflokomotiven der SAR. Der vergrößerte vordere Wassertank der Tsumeb-Lieferung blieb, aber auf dem hinteren Drehgestell wurde wie bei den vorherigen Lieferungen ebenfalls wieder ein Wasserkasten installiert.

VON DER APFELERNTE ZUM HOLZVERKEHR

Die ersten Einsätze erfolgten auf der Strecke Port Elizabeth – Avontuur. Hauptzweck der Strecke war der Abtransport der Obsternte direkt zum Export in den Hafen von Port Elizabeth. Ein Umladen auf Kapspur war daher nicht notwendig. Weitere Transporte waren schwere Kalksteinzüge für ein Zementwerk.

Als Mitte der 1970er-Jahre die Garratts bei den Zügen mit hohen Lasten von Diesellokomotiven der Baureihe 91 ersetzt wurden, folgte auch hier eine Umstationierung auf die damals gut laufenden Strecken im Natal. Für leichtere Züge kamen auf der »Apple-Express«-Strecke weiterhin Dampflokomotiven zum Einsatz, allerdings die deutlich schwächeren Schlepptenderloks der Baureihe NG15.

Die Strecken im Natal verfügten teilweise über Kurven mit nur 45 m Radius, teilweise in Steigungen bis 30 ‰ gelegen. Die NGG13/16 waren dort sowohl vor Personen- und Güterzügen (hauptsächlich Zuckerrohr und Holz) im Einsatz.

Sie blieben bis zum Ende der 1980er-Jahre in Betrieb. Allerdings wurde eine nach der anderen Schmalspurstrecke stillgelegt, die letzte war die mittlerweile privatisierte

▶ Die vermutlich letzte NGG13 im Plandienst war die »Liliputian« der Linie Escourt – Weenen im Nordnatal.

Alfred County Railway (ACR), eine 122 km lange Bahnstrecke vom Hafen Port Shepstone nach Harding.

Diese war zuvor 1986 von der SAR stillgelegt worden und anschließend unter dem Namen Port Shepstone & Alfred County Railway Company Limited, neu eröffnet. Nachdem die Umsätze durch die billigere Lkw-Konkurrenz immer weiter sanken, musste 2006 der Betrieb jedoch auch hier eingestellt werden.

MODERNISIERUNG? ZU SPÄT!

Auch bei den 610 mm-Garratts gab es den Versuch, die Dampfloks zu modernisieren. Vorbild waren die sehr erfolgreichen Umbauten der Baureihe 19D und 25NC durch den Maschinenbauingenieur David Wardale. Zwei Lokomotiven der ACR (Nr. 141 und 155) wurden 1989 und 1990 ebenfalls umgebaut, um ihre Wirtschaftlichkeit zu verbessern.

Der Umbau umfasste auch hier ein gasproduzierendes Verbrennungssystem, den Einbau einer Lempor-Auspuffanlage, eines verbesserten Funkenfängers, verbesserte Ventilsteuerung und eine Verbesserung der mechanischen Schmierung. Die umgebauten Lokomotiven wurden als Klasse NGG16A bezeichnet. Die erste, 1989 umgebaute Lok wurde ebenfalls in Signalrot lackiert und erhielt den Beinamen »Roter Drachen« (in Anlehnung an den »Roten Teufel« der Baureihe 26). Die zweite, 1990 umgebaute Lok behielt ihre normale schwarze Lackierung.

Die 141 erreichte eine Leistungsverbesserung von rund 25 %. Um eben diese 25 % wurden auch die Vergleichswerte der konkurrierende Dieselbaureihe 91 übertroffen. Pech für die Bahnbetreiber und den Konstrukteur war leider nur, dass der Konkurrent nicht mehr die Diesellok war, sondern der preiswertere Lkw-Betrieb auf den mittlerweile gut ausgebauten Straßen. Die Pläne zum Bau einer Garratt-Baureihe NGG17 blieben damit in der Schublade.

Eine Reihe der NGG 13/16 sind im Ausland gelandet, u.a. in Wales. Einige sind aber auch in Südafrika verblieben, auf der Museumsbahn auf der Farm »Sandstone Estates«:

NGG13-49	Hanomag	betriebsfähig
NGG16-88	Cockerill	nicht betriebsfähig
NGG16-113	Beyer-Peacock	betriebsfähig
NGG16-153	Hunslet-Taylor	betriebsfähig

Die »*SAR Locomotive Allocatocations*« aus dem Jahr 1989 meldeten folgenden Bestand, der sich in den direkt folgenden Jahre nur wenig änderte, um ab 1992 drastisch abzunehmen. Allerdings kamen noch mal ein paar neu aufgearbeitete Baureihen wie die 6, 7, GF, GEA u.a. dazu.

Baureihe	**SAR**	**Industriebahnen**	**Ausland**	**Baureihe**	**SAR**	**Industriebahnen**	**Ausland**
3BR		6		23	1		
11	0	4 [1)]		24	13		
12R/A/AR	3	3		25/25NC	49		
14CRB/R	1	7		26	1		
15A/AR	6		9 [2)]	GF	1	4 [6)]	
15CA/CB	30	11 [3)]		GL	1		
15E	1			GMAM	3	20 [7)]	
15F	70			GO	1		
16D/DA/E	3			ZASM	1		
16CR	0	8 [4)]		NGG11	1		
19A/B/C	1	6		NG15	8		
19D	16	5 [5)]		NGG16	3		

Anmerkungen:

Einzelstücke anderer Baureihen sind nicht aufgeführt

1) u.a. Freegold, Welcom

2) Swaziland

3) u.a. Rustenburg Platinium

4) 7 Loks bei St. Helena Gold Mine, Welcom

5) u.a. Loraine, Allenridge

6) Enyati

7) REGM, Tweefontein Coll.

▲ 24 2693 und GMAM 4070 werden im Rahmen der Steamsafari 1980 in Riversdale für den nächsten Einsatz gewartet.

QUELLEN

Karl-W. Koch: Quer durch Südafrika mit der Eisenbahn, Krefeld, 1982, ISBN 3-88490-1 46-x;

Charles Peter Lewis, Alan A. Jorgensen, THE GREAT STEAM TREK, Cape Town, 1978, ISBN 0 86977 101 9 dieses Buch ist auch deutschsprachig unter dem Titel »Dampf am Kap« erschienen;

A.E. Durant u a.: STEAM in africa, Cape Town, 1981 ISBN 0 86977 139 6,

Gunther Haslbeck: Mit geöffnetem Regler - Teil II: Afrika, Regensburg 1986 ISBN 3-925314-01 -6;

Jose Burman: Early railways at the Cape, Cape Town, 1984, ISBN 0 7981 1760 5,

https://de.wikipedia.org/wiki/Schienenverkehr_in_S%C3%BCdafrika

https://en.wikipedia.org/wiki/South_African_Railways_and_Harbours_Administration

https://en.wikipedia.org/wiki/Category:Steam_locomotives_of_South_Africa

https://en.wikipedia.org/wiki/Rail_transport_in_South_Africa

https://en.wikipedia.org/wiki/South_African_Class_12A_4-8-2

https://en.wikipedia.org/wiki/South_African_Class_14_4-8-2

https://en.wikipedia.org/wiki/South_African_Class_15CA_4-8-2

https://en.wikipedia.org/wiki/South_African_Class_19D_4-8-2

https://en.wikipedia.org/wiki/South_African_Class_24_2-8-4

https://en.wikipedia.org/wiki/South_African_Class_GEA_4-8-2%2B2-8-4

https://en.wikipedia.org/wiki/South_African_Class_GF_4-6-2%2B2-6-4

https://de.wikipedia.org/wiki/SAR-Klasse_NGG_13_/_NGG_16#Verbleib_der_NGG_13_und_NGG_16

https://en.wikipedia.org/wiki/South_African_Class_GMA_4-8-2%2B2-8-4

https://www.branchline.uk/jfpdf/southafricacaperlys.pdf

The great South African Steam Festival 1991 - Programm, o.V., o.O

Industrial Steam Locomotives of South Africa, RSSA, Ausgaben 1984 und 1988

S.A. TRAVEL BUREAU: South Africa - Last Stronghold of Steam, Johannesburg, 1978 ISBN 0 94993424 0

J. Espitalier and A.J. Day: South AfricanTransport Services Museum: »The Locomotive in South Africa« 1989, reprint from the S.A.R. Magazine 1943 to 1948

Jose Burman: Early railways at the Cape, Cape Town, 1984, ISBN 0 7981 1760 5,

Leith Parror, David Bounrue: Locomotives of the South African Railway, Cape Town, 1984, |SBN 0 86977 211 2,

South African Railwas: Index of Diagrams of Steam Locomotives, 1941

Chief Mechanical Engineer's Office, Pretoria: S.A.R. ENGINES with renumbering lists, 1912, Nachdruck

Benno Bickel: Von der »Karoo« zur »Silent Suzie« in »Dampf & Reise/Überseeische Bahnen« Nr. 3/4-88 S 14ff

Bernhard Hoch: Tootsie's großer Auftritt in »Dampf & Reise/Überseeische Bahnen«, 3/90, S 11 ff;

Günther Haslbeck: Vom »Roten Teufel« und anderen Ungeheuern - die Umbau-Dampflokomotiven der SAR in »Dampf & Reise/Überseeische Bahnen«, Nr. 6-8, s 45 ff;

Günther Haslbeck: Kimberley - De Aar am Ende? in »Dampf & Reise/Überseeische Bahnen«, Nr. 3/4-88

Karl-W. Koch: Kimberley - De Aar am Ende! in »Dampf & Reise/Überseeische Bahnen«, Nr. 3/4-91

Rolf Lange: Der Blue Train in »Dampf & Reise/Überseeische Bahnen«, Nr. 3-87,

Florian Schmidt: Südafrika - Unter Dampf in die Neunziger? in »Dampf & Reise/Überseeische Bahnen«, Nr. 3-87 und »Dampf & Reise/Überseeische Bahnen« Nr. 4-87

... für all die Menschen, welche damals in Südafrika die Bahn am Laufen gehalten haben ... für alle Personale und Mitarbeiter der SAR und der anderen Bahnen, die immer offen, hilfreich und unterstützend waren. Bw Germiston, März 1979

WEITERE INTERESSANTE BÜCHER ZUM THEMA

Beeindruckende Fjorde, malerische Orte, faszinierende Städte, grandiose Gletscher und Wasserfälle. Karl-W. Koch berichtete über seine Erlebnisse entlang der Schienenwege Norwegens bereits für die Zeitschrift Fern-Express, hier folgt ein umfangreiches Buch mit allen Einzelheiten und Bildern zum Wegträumen.
176 Seiten, 210x242 mm, 200 Abb.
ISBN 978-3-613-71701-5
€ 29,90 | € (A) 30,80

»Wenn einer eine Reise macht, dann kann er was erzählen!« Das gilt insbesondere, wenn man diese Reisen mit der Eisenbahn in fernen Ländern unternimmt. Davon berichten die Reiseberichte in diesem Buch, die verschiedene Eisenbahnfreunde über Ihre Erlebnisse auf den Schienenwegen dieser Welt verfassten.
176 Seiten, 230x265 mm, 200 Abb.
ISBN 978-3-613-71685-8
€ 32,– | € (A) 32,90

Karl-W. Koch besuchte die faszinierenden Alpen-Bergbahnen. Ihm gelangen eindrucksvolle Aufnahmen vom Betrieb sowie in den Werkstätten und Depots. Er berichtet über die Strecken, deren Planung, Bau und Geschichte sowie die Zahnradtechnik. Dieses Buch lädt zur Reise in die Berge ein.
176 Seiten, 230x265 mm, 200 Abb.
ISBN 9778-3-613-71657-5
€ 29,90 | € (A) 30,80

Eine Zugfahrt durch die Alpen gehört zu den eindrucksvollsten Eisenbahnreisen, die Fahrgäste in Europa unternehmen können. Karl-W. Koch berichtet über die schönsten Alpenbahnen, die er alle mit der Kamera besuchte. Ein Buch, das zur Reise in die faszinierende Bergwelt der Alpen einlädt.
176 Seiten, 230x265 mm, 200 Abb.
ISBN 978-3-613-71673-5
€ 29,90 | € (A) 30,80

Leseproben zu allen Titeln auf unserer Internetseite

Stand August 2024
Änderungen in Preis und Lieferfähigkeit vorbehalten.

Überall, wo es Bücher gibt, oder unter
WWW.MOTORBUCH-VERSAND.DE
Service-Hotline: 0711 / 78 99 21 51
www.facebook.com/MotorbuchVerlag